变流器

BIANLIUQI
JIEGOU GONGYI

结构工艺

杨 飞 编著

中国电力出版社
CHINA ELECTRIC POWER PRESS

内 容 提 要

变流器是风电、光伏、岸电、储能等新能源行业的重要电气设备。我国新能源行业的快速发展对变流器的可靠性提出了更高的要求，结构工艺设计是变流器可靠性设计的重要组成部分。本书主要讲解了变流器钣金件、结构件设计工艺、表面处理工艺、装配工艺、配线工艺、安全工艺、工艺管理方法等内容。本书内容丰富、图文并茂、重点突出、应用性强。

本书可供从事电力电子技术领域的工程技术人员、研发人员、管理等相关人员阅读，也可作为高等院校电力电子类、机械类相关专业师生的参考书。

图书在版编目（CIP）数据

变流器结构工艺/杨飞编著 . —北京：中国电力出版社，2024.12
ISBN 978-7-5198-8899-2

Ⅰ.①变… Ⅱ.①杨… Ⅲ.①变流器—生产工艺 Ⅳ.①TM405

中国国家版本馆 CIP 数据核字（2024）第 089112 号

出版发行：中国电力出版社
地　　址：北京市东城区北京站西街 19 号（邮政编码 100005）
网　　址：http://www.cepp.sgcc.com.cn
责任编辑：杨淑玲（010—63412602）
责任校对：黄　蓓　马　宁
装帧设计：张俊霞
责任印制：杨晓东

印　　刷：廊坊市文峰档案印务有限公司
版　　次：2024 年 12 月第一版
印　　次：2024 年 12 月北京第一次印刷
开　　本：787 毫米×1092 毫米　16 开本
印　　张：12
字　　数：283 千字
定　　价：58.00 元

前　言

大力发展新能源，走低碳化经济发展道路，已经成为国际能源发展和经济转型的基本共识。我国作为能源消耗的第二大国，调整能源消费结构，大力发展新能源产业，是资源节约型和环境友好型社会的必然选择。

目前在风电、光伏行业，兆瓦级变流器已经成为主流机型，随着陆地可利用风能、光能资源的减少，丰富的海上风能、光能资源已经成为新的开发热点。岸电、储能、制氢、柔直等电力电子行业中的变流器产品在初期阶段就已经从兆瓦级起步。电力电子行业的这种发展趋势，对变流器产品的可靠性提出了更高的要求。

结构工艺设计是变流器产品可靠性设计的重要组成部分。随着电力电子行业对变流器可靠性要求的不断提高，结构工艺设计越来越体现出它的价值和重要性。而目前市场上系统介绍变流器产品结构工艺技术的书籍却很少，并且多为高等院校教材，其内容与工程实践脱节，实用性不强。

本书从工程实际角度出发，对变流器产品的结构工艺技术进行了全面的阐述。首先介绍了钣金件、结构件及表面处理等设计工艺，然后重点介绍了变流器装配工艺、配线工艺、安全工艺等，最后介绍了变流器的工艺管理方法。本书内容翔实，理论结合实际，具有较强的实用性。

工程师在从事结构工艺设计工作时可以在本书查阅一些常用的，关键的数据，设计出的零件具有更好的加工工艺性，统一结构要素，减少不必要的开模，加快加工进度，降低加工成本，提高产品质量。同时，为了方便工程师学习和理解，本书还加入了一些原理性的说明，其中部分数据来源于标准和精品图书，一些工艺极限尺寸等主要来自一线生产加工厂家，在此对为本书提供帮助的专家和领导一并表示衷心的感谢。

本书主要供从事电力电子行业产品设计、研究的工程技术人员参考，也可以供理工科电力电子专业、机械专业的高等院校师生学习参考。

编著者

2024 年 12 月

目　　录

综　述

　　结构工艺技术的先进性是工业产品赢得竞争优势的一个重要因素，在市场竞争越来越激烈的今天，工业产品要取得竞争优势不仅仅要依靠技术领先，还要依靠工艺领先。产品质量保证、及时交货和制造成本降低，在很大程度上取决于工艺水平。随着电力电子行业对产品可靠性要求的不断提高，结构工艺设计也越来越体现出它的价值和重要性，同时也体现出鲜明的行业特色。

　　变流器产品主要以机柜和机箱为载体，钣金件是主要组成部分。第1章主要介绍了钣金件的设计工艺，包括钣金材料的选材、材料对钣金加工工艺的影响等，重点介绍了冲孔与落料、折弯、拉伸、铆接、焊接等主要工艺技术，让读者对钣金件的设计工艺技术有一个整体的认识。

　　在变流器产品中，除了钣金件之外，结构件也很常见，主要有金属母线和铝型材、压铸件、塑料件等。第2章主要介绍了结构件的设计工艺，基本涵盖了变流器产品中的常见结构件。

　　用户对变流器产品提出的技术规范中，会对产品的使用环境进行分类规定，一般分为常温型、低温型、高原型、海上型。不同的使用环境，对机柜性能、涂层，以及柜内结构件性能、涂层有严格的要求。第3章重点介绍了表面处理工艺技术，包括金属镀覆、喷涂、丝印等，其中对防腐蚀工艺技术进行了重点介绍。

　　第4章、第5章主要介绍了变流器产品的装配工艺和配线工艺。变流器产品的机械装配和配线工艺一般是在不同的装配车间完成的，也有一些厂商放在同一个车间里，两者相辅相成，装配工艺对产品的工艺可靠性至关重要。

　　第6章主要介绍了变流器产品的安全工艺。随着产品功率等级的不断提高，安规设计和防静电设计越来越重要。机械工程设计人员在产品设计过程中，要和电气设计人员协同设计，做好产品的安规、防静电设计工作。

　　第7章系统介绍了变流器工艺的管理方法。从工艺管理的方针与目标、工艺业务流程、关键业务的运作模式、组织与职责、业务操作指导五个方面进行系统描述。

　　变流器产品的结构工艺设计是一个系统性、综合性的工作，在满足机械零件可装配性、可制造性的基本需求基础上，还要综合考虑用户使用条件，满足产品的防腐、防潮、防低温、防振动、防霉、IP防护等环境适应性设计需要。

第1章 钣金件设计工艺

1.1 钣金材料的选材

钣金材料是电力电子产品结构设计中最常用的材料，了解钣金材料的综合性能并正确地选材，对产品成本、性能、质量、加工工艺性都有重要的影响。

钣金材料的选材原则：

（1）选用常见的金属材料，减少材料规格品种。

（2）在同一产品中，尽可能减少材料的品种和板材厚度规格。

（3）在保证零件功能的前提下，尽量选用廉价的材料品种，并降低材料的消耗和材料成本。

（4）对于机柜和一些大的插箱，选材需要充分考虑降低整机的重量。

（5）除保证零件的功能外，还必须考虑材料的冲压性能应满足加工工艺要求，以保证制品的加工合理性和质量。

1.2 几种常用的板材介绍

1.2.1 钢板

1. 冷轧薄钢板

冷轧薄钢板是碳素结构钢板的简称，它是由碳素结构钢热轧钢带，经过进一步冷制成厚度小于4mm的钢板，由于在常温下轧制，不产生氧化铁皮，因此，冷轧薄钢板表面质量好，尺寸精度高，再加之退火处理，其机械性能和工艺性能都优于热轧薄钢板，常用的牌号为优质碳素结构钢08号和10号钢《优质碳素结构钢冷轧钢板和钢带》（GB/T 13237—2013），以及普通碳素结构钢Q235系列《碳素结构钢冷轧钢板及钢带》（GB/T 11253—2019），有良好的折弯性能和成形性能。

2. 连续电镀锌冷轧薄钢板

连续电镀锌冷轧薄钢板《连续电镀锌、锌镍合金镀层钢板及钢带》（GB/T 15675—2020），即"电解板"，指电镀锌作业线上在电场作用下，锌从锌盐的水溶液中连续沉积到预先准备好的钢带上得到表面镀锌层的钢板，因为工艺所限，镀层较薄。

3. 连续热镀锌薄钢板

连续热镀锌薄钢板简称锌板或白铁皮《连续热镀锌和锌合金镀层钢板及钢带》（GB/T 2518—2019），是厚度0.25～2.5mm的冷轧连续热镀锌薄钢板和钢带，钢带先通过预热炉的火焰加热，烧掉表面残油，同时在表面生成氧化铁膜，再进入含有 H_2、N_2 混合气体的还原退火炉加热到 $710\sim920℃$，使氧化铁膜还原成海绵铁，表面活化和净化了的带钢冷却到稍高于熔锌的温度后，进入 $450\sim460℃$ 的锌锅，利用气刀控制锌层表面厚度，最后经铬酸盐溶液钝化处理，以提高耐蚀性。与电镀锌板表面相比，其镀层较厚，主要用于要求耐腐蚀性较强的钣金件。

4. 覆铝锌板

覆铝锌板的铝锌合金镀层是由 55% 的铝、43.4% 锌与 1.6% 的硅在 600℃ 高温下化而组成的，形成致密的四元结晶体保护层，具有优良的耐腐蚀性，正常使用寿命可达 25 年，比镀锌板长 $3\sim6$ 倍，与不锈钢相当。覆铝锌板的耐腐蚀性来自铝的障碍层保护功能和锌的牺牲性保护功能。当锌在切边、刮痕及镀层擦伤部分做牺牲保护时，铝便可以形成不能溶解的氧化物层，发挥障碍层保护功能。

上述 2、3、4 钢板统称为涂层钢板，在国内电力电子产品设备上广泛采用。涂层钢板基材为普通钢板，切口容易生锈，但切口锈蚀不会大面积扩散到板材的两面。为了提高切口耐锈蚀的能力，可以进行特殊磷化处理，形成薄的氧化膜，有一定的防锈能力。从成本分析看，采用涂层钢板，加工厂不必将零件送去电镀，节省电镀时间和运输费用，提高了加工效率。但对于户外设备，即使机柜内部，一般不应选用涂层钢板。

5. 不锈钢板

不锈钢板因为具有较强的耐腐蚀能力、良好的导电性能、强度较高等优点，使用非常广泛，但也要充分考虑它的缺点：材料价格很贵，是普通镀锌板的 4 倍；材料强度较高，对数控冲床的模具磨损较大，一般不合适在数控冲床上加工；不锈钢板上用的压铆螺母和螺柱要采用高强度和硬度的特种不锈钢材料，价格很贵，并且压铆也不易牢固，经常需要再点焊；表面喷涂的附着力不高、质量不易控制；材料回弹较大；折弯和冲压不易保证形状和尺寸精度。在电力电子产品中，SUS304 系列和 SUS316 系列为最常用材料。

1.2.2 铝和铝合金板

电力电子产品中通常使用的铝和铝合金板主要有以下几种材料：铝合金 1050、1060 系列，防锈铝 3A21、防锈铝 5A02 和硬铝 2A12。在所有系列中 1000 系列属于含铝量最多的一个系列，优点是价格相对便宜，成形性、表面处理性良好、耐腐蚀性佳；缺点是强度较低。大面积的铝板最常采用 1000 系列铝材。

防锈铝 3A21 即为老牌号 LF21，系 Al-Mn 合金，是应用最广的一种防锈铝。这种合金的强度不高（仅高于工业纯铝），不能热处理强化。故常用冷加工方法来提高它的力学性能，在退火状态下有高的塑性，在半冷作硬化时塑性尚好。冷作硬化时塑性低，耐蚀性好，焊接性良好。

防锈铝 5A02 即为老牌号 LF2，系 Al-Mg 合金，与 3A21 相比，5A02 强度较高，特别是具有较高的疲劳强度、塑性和耐蚀性，热处理不能强化，用接触焊和氢原子焊焊接性良好，氩弧焊时有形成结晶裂纹的倾向，在冷作硬化时有形成结晶裂纹的倾向，在冷作硬化和半冷作硬化状态下可切削性较好，退火状态下可切削性不良，可抛光。

硬铝 2A12 为老牌号的 LY12，是最常用的硬铝牌号。硬铝和超硬铝比一般的铝合金具有更高的强度和硬度，可以作为一些面板类的材料，但是塑性较差，不能折弯，折弯会造成角部开裂。

铝合金的牌号和状态已经有新的国家标准，牌号表示方法的标准代号为《变形铝及铝合金牌号表示方法》（GB/T 16474—2011），状态代号《变形铝及铝合金产品状态代号》（GB/T 16475—2023）。

1.2.3 铜和铜合金板

常用的铜和铜合金板材主要有两种，紫铜 T2 和黄铜 H62。

紫铜 T2 是最常用的纯铜，外观呈紫色，又称紫铜，具有高的导电性和导热性，良好的耐蚀性和成形性；但强度和硬度比黄铜低得多，价格也非常贵。主要用作导电、导热和耐腐蚀元件，一般用于电力电子产品中主回路，需要承载大电流的位置。《加工铜及铜合金牌号和化学成分》（GB/T 5231—2022）中对紫铜材质进行了规定，见表 1-1。

表 1-1						紫铜材质规定（％）						
牌号	Cu	P	Ag	Bi	Sb	As	Fe	Ni	Pb	Sn	S	Zn	O
T1	99.95	0.001	—	0.001	0.002	0.002	0.005	0.002	0.003	0.002	0.005	0.005	0.02
T2	99.9	—	—	0.001	0.002	0.002	0.005	—	0.005	—	0.005	—	—
T3	99.97	—	—	0.002	—	—	—	—	0.01	—	—	—	—

黄铜 H62，属高锌黄铜，具有较高的强度和优良的冷、热加工性，易进行各种形式的成形加工和切削加工。主要用于各种深拉伸和折弯的受力零件，其导电性不如紫铜，但有较好的强度和硬度，价格也比较适中，在满足导电要求的情况下，应尽可能选用黄铜 H62 代替紫铜，可以大大降低材料成本，如汇流排，目前绝大部分汇流排的导电片都是采用黄铜 H62。

1.2.4 铜铝复合排

铜铝复合排为新型材料，成本大约为同体积 T2 紫铜的 60％左右。在电力电子产品降本设计中，也已经有一定的应用。

铜铝复合排的生产方式主要有水平连铸法和套管法。

铜铝复合排默认型号为截面形状圆角形（Y）或全圆边形（Q）。铜铝复合排的截面形状如图 1-1 所示。内芯为铝、外层为铜，铜层紧密、均匀、连续地包覆在铝芯上，并与铝形成冶金结合；母线的窄边为 a，宽边为 b。

铜层的材质应符合《加工铜及铜合金牌号和化学成分》（GB/T 5231—2022）的规定，采用标准阴极铜制造，材质满足紫铜 T2，含铜量不小于 99.90％。

铝芯的材质应符合《重熔用铝锭》（GB/T 1196—2023）的规定，采用电工用重熔铝锭制造，含铝量不小于 99.70％。

铜铝复合排的铜层与铝芯必须紧密地形成冶金结合，铜铝之间不应出现分层，其铜铝界

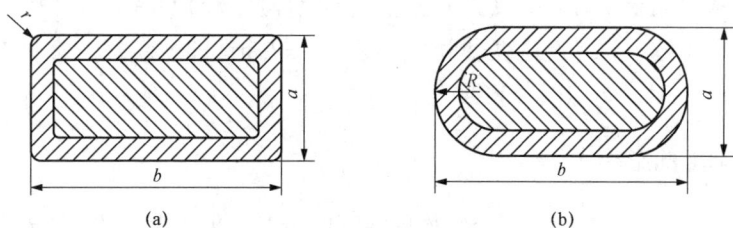

图 1-1　铜铝复合排的截面形状

（a）圆角形；（b）全圆边形

面结合的剪切强度应不小于 35MPa。

1.3　材料对钣金加工工艺的影响

钣金加工主要有三种：冲裁、弯曲和拉伸。不同的加工工艺对板材有不同的要求，钣金的选材也应该根据产品的形状和加工工艺考虑板材的选择。

1.3.1　材料对冲裁加工的影响

冲裁要求板材应具有足够的塑性，以保证冲裁时板材不开裂。软材料（如纯铝、防锈铝、黄铜、紫铜、低碳钢等）具有良好的冲裁性能，冲裁后可获得断面光滑和倾斜度很小的制件。硬材料（如高碳钢、不锈钢、硬铝、超硬铝等）冲裁后质量不好，断面不平度大，对厚板料尤为严重。对于脆性材料，在冲裁后易产生撕裂现象。特别是孔距太小和密孔的情况下，更容易产生撕裂。

1.3.2　材料对弯曲加工的影响

需要弯曲成形的板材，应有足够的塑性、较低的屈服极限。塑性高的板材，弯曲时不易开裂。较低屈服极限和较低弹性模量的板料，弯曲后回弹变形小，容易得到尺寸准确的弯曲形状。含碳量小于 0.2% 的低碳钢、黄铜和铝等塑性好的材料容易弯曲成形；脆性较大的材料，如磷青铜（QSn6.5～2.5）、弹簧钢（65Mn）、硬铝、超硬铝等，弯曲时必须具有较大的相对弯曲半径（r/t），否则在弯曲过程中易发生开裂。特别要注意材料的硬软状态的选择，对弯曲性能有很大的影响，很多脆性材料，折弯会造成外圆角开裂甚至折弯断裂，含碳量较高的钢板，折弯也会造成外圆角开裂甚至折弯断裂，这些都应该尽量避免。

1.3.3　材料对拉伸加工的影响

板材的拉伸，特别是深拉伸，是钣金加工工艺中较难的一种，不仅要求拉伸的深度尽量小，形状尽可能简单、圆滑过渡，还要求材料有较好的塑性；否则，非常容易引起零件整体扭曲变形、局部打皱，甚至拉伸部位拉裂。屈服极限低和板厚方向性系数大，板料的屈强比 σ_s/σ_b 越小，冲压性能就越好，一次变形的极限程度越大。

板厚方向性系数大于1时，宽度方向上的变形比厚度方向上的变形容易。拉伸圆角 R 值越大，在拉伸过程中越不容易产生变薄和发生断裂，拉伸性能就越好。常见的拉伸性能较好的材料有纯铝板、08AL、ST16、SPCD等。

1.3.4 材料对刚度的影响

在钣金结构设计中，经常遇到钣金结构件的刚度不能满足要求，结构设计师往往会用高碳钢或不锈钢代替低碳钢，或者用强度和硬度较高的硬铝合金代替普通铝合金，来提高零件的刚度，实际上不会有明显的效果。对于同一种基材的材料，通过热处理、合金化能大幅提高材料的强度和硬度，但对材料的弹性模量、刚度改变很小，提高零件的刚度，只有通过变换材料、改变零件的形状，才能达到一定的效果。不同材料的弹性模量和剪切模量见表1-2。

表1-2   常见材料的弹性模量和剪切模量   （单位：GPa）

名称	弹性模量 E	切变模量 G	名称	弹性模量 E	切变模量 G
灰铸铁	118～126	44.3	轧制锌	82	31.4
球墨铸铁	173	—	铅	16	6.8
碳钢，镍铬钢	206	79.4	玻璃	55	1.96
铸钢	202	—	有机玻璃	2.35～29.4	
轧制纯铜	108	39.2	橡胶	0.0078	
冷拔纯铜	127	48	电木	1.96～2.94	0.69～2.06
轧制磷锡青铜	113	41.2	夹布酚醛塑料	3.95～8.83	
冷拔黄铜	89～97	34.3～36.3	赛璐珞	1.71～1.89	0.69～0.98
轧制锰青铜	108	39.2	尼龙1010	1.07	
轧制铝	68	25.5～26.5	硬四氯乙烯	3.14～3.92	
拔制铝线	69	—	聚四氯乙烯	1.14～1.42	
铸铝青铜	103	11.1	低压聚乙烯	0.54～0.75	
铸锡青铜	103	—	高压聚乙烯	0.147～0.24	
硬铝合金	70	26.5	混凝土	13.73～39.2	4.9～15.59

1.3.5 常用板材的性能比较

几种常用板材的性能比较见表1-3。

表1-3   几种常见板材的性能比较

材料	价格系数	搭接电阻/Ω	数控冲床加工性能	激光加工性能	折弯性能	涨铆螺母工艺性	压铆螺母工艺性	表面喷涂	切口防护性能
冷轧钢板镀蓝锌	1.0	—	好	好	好	好	好	一般	较好
冷轧钢板镀彩锌	1.8	27	好	好	好	好	好	一般	好

材料	价格系数	搭接电阻/Ω	数控冲床加工性能	激光加工性能	折弯性能	涨铆螺母工艺性	压铆螺母工艺性	表面喷涂	切口防护性能
连续电镀锌钢板	1.2	26	好	好	好	好	好	一般	最差
热镀锌钢板	1.3	26	好	好	好	好	好	一般	较差
覆铝锌板	1.4	23	好	好	好	好	好	一般	差
不锈钢	3.4	60	差	好	一般	好	极差	差	好
防锈铝板	2.9	46	一般	差	好	一般	好	一般	好
硬铝，超硬铝板	3.0	46	一般	极差	极差	一般	好	一般	好
T2 紫铜	6.6	—	一般	极差	好	好	好	一般	好
黄铜板	5.6	—	一般	极差	好	好	好	一般	好
铜铝复合板	4.6	—	一般	极差	一般	一般	一般	一般	差

　　注：1. 表中的数据和材料具体的牌号和厂家均有关系，仅作为定性参考之用。

　　　　2. 铝合金、铜合金板材在激光切割上加工性能极差，一般不推荐使用激光加工。

1.4　冲孔与落料

1.4.1　冲孔和落料的常用方式

　　1. 数控冲冲孔和落料

　　数控冲冲孔和落料，就是利用在数控冲床上的单片机预先输入对钣金零件的加工程序（尺寸、加工路径、加工工具等信息），使数控冲采用各种模具，通过丰富的控制指令可以实现各种各样的冲孔、切边、成形等形式的加工。数控冲一般不能实现形状太复杂的冲孔和落料。

　　特点：速度快、省模具、加工灵活、方便，适合中等批量的钣金冲裁加工。

　　注意的问题及要求：

　　（1）0.6mm 以下材料易变形，不好加工，加工范围受模具、夹爪等限制，0.6mm 以下的材料一般不用数控冲加工。

　　（2）硬度和韧性适中的材料有较好的冲裁加工性能，硬度太高会使冲裁力变大，对冲头和精度都有不好的影响；硬度太低，使冲裁时变形严重，精度受到很大的限制。

　　（3）冲压普通低碳钢板时，模具直径和宽度必须大于料厚，比如 $\phi14$mm 的刀具不能冲 1.5mm 厚的材料，冲压铝合金板和铜合金板的模具可以小一些，但冲压不锈钢、高碳钢板材的数控模具需要更大一些，否则模具容易断裂损坏。

　　（4）高塑性对成形加工有利，但不适合于蚕食、连续冲裁，对冲孔和切边也不太合适；适当的韧性对冲裁是有利的，它可以抑制冲孔时的变形程度；韧性太高则使冲裁后反弹严重，反而影响了精度。

（5）不锈钢板材一般不用数控冲加工，当然，0.8～2.5mm的不锈钢板材可以用数控冲加工，但对模具磨损大，加工中的废品率比普通钢板要高得多。

（6）数控冲加工铜板变形较大；加工PC和PET板，加工边毛刺大，精度低。

（7）数控冲的尺寸应规格化，如圆孔、六方孔、工艺槽，最好选用生产加工厂家现有模具；其他形状的冲孔落料希望尽可能简单、统一。

（8）工艺槽通常的最小宽度为1.5mm（厂家有少量的1.2mm宽的模具，因为容易损坏，实际使用较少），槽宽应该选择加工厂家模具手册中常用尺寸。

（9）不同的数控冲床可冲裁板材的最大厚度不一样，考虑到通用性和大部分数控冲床的性能，推荐的数控冲床加工的板料厚度为：

铝合金板和铜板为：0.8～4.0mm。

低碳钢板为：0.8～3.5mm。

不锈钢板为：0.8～2.5mm。

2. 冷冲模冲孔和落料

对产量很大，尺寸不是很大的零件冲孔落料，为提高生产效率，厂家往往开冷冲模进行加工。常见的冲模有冲裁模（主要有开式落料模、闭式落料模、冲孔落料复合模、开式冲孔落料连续模、闭式冲孔落料连续模）、弯曲模、拉伸模。

特点：用冷冲模冲孔及落料基本可一次完成，效率高，一致性好，成本低。零件设计时要考虑冷冲模加工的工艺特点，比如零件不应出现尖角（除使用上要求外）尽可能设计成圆角，可改善模具的质量和寿命，也使工件美观、耐用；为满足功能要求，零件的冲裁形状可以设计得复杂一些等。

3. 密孔冲孔

对于有大量密孔的零件，为提高冲孔效率、精度等，可用开一次冲许多密孔的冲孔模对工件进行加工，如通风网板、进出风挡板、防护板等，如图1-2所示，阴影部分为密孔模，零件的密孔可快速成排地被冲出，比一个一个地冲孔，效率大大提高。

密孔设计注意的问题：

产品上密孔设计应考虑密孔冲模具是重复多次冲裁，密孔的排布应采用如下原则：

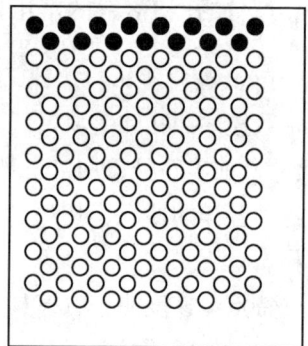

图1-2 密孔冲示意图

（1）设计密孔排布时首先考虑生产加工厂家现有模具中的密孔模，以减少模具成本。

（2）同一类型的密孔排布时应统一，行间距规定一个不变的数值，列间距也规定一个不变的数值，这样同一类型的密孔模具可以通用，减少开模数量，降低了模具的成本。

（3）同一类型的孔的尺寸应一致，如六方孔可以统一为内切圆中ϕ5mm的六方孔，此六方孔为生产加工厂六方孔的常用尺寸，占六方密孔的90%以上。

（4）采用错位排布两行孔数不等时，必须满足两个要求：①孔距较大，两孔的边缘距离大于$2t$（t为材料厚度）；②总排数应该为偶数排，如图1-3所示。

（5）如果密孔的孔距很小，每排孔的数量必须相等，并均为偶数。如图1-4所示，两个密孔之间的距离 D 小于 $2t$ 时（ t 为材料厚度），因为模具的强度问题，则密孔模要间隔设置，图中阴影部分为密孔模。可以看出，每排孔的数量必须为偶数。如果图1-3中的孔距也是这样很小时，因为每排的孔数不等（7孔、8孔两种），则无法用密孔模一次性冲出。

图1-2的密孔模可设计成如图1-5所示。

设计密孔的排布时尽量按照上述要求设计，并且连续和有一定的规律性，便于开密孔模，降低冲压

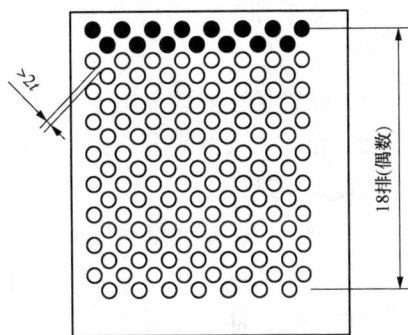

图1-3 密孔错位排布示意图

成本，否则只能采用数冲或开很多套模具来完成加工。图1-6所示密孔排布，都不能用密孔冲加工：图（a）交错孔，行数不是偶数；图（b）中间缺孔；图（c）密孔距离太近，每行孔数和每列孔数都是奇数；图（d）、图（e）密孔距离太近，密孔的每行孔数不相等，这些不能仅靠密孔模冲孔一次完成加工，还需用其他补加工方法才能完成；图（f）如果用密孔模加工，也需要用其他补加工方法才能完成，即使开落料模，也需要多副冲孔模完成，工艺性很差。

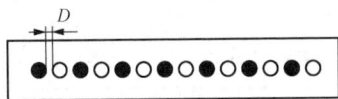

图1-4 密孔模

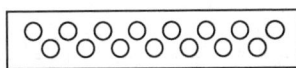

图1-5 密孔模

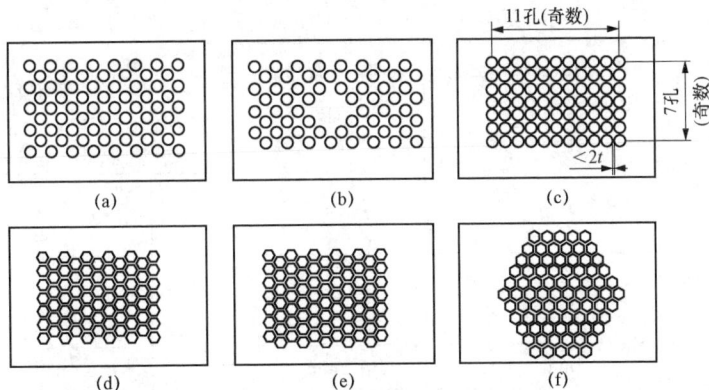

图1-6 密孔排布示意图

4. 激光切割

激光切割是由电子放电作为供给能源，利用反射镜组聚焦产生激光束作热源的一种无接触切割技术，利用这种高能量光束来实现对钣金件的打孔及落料。

特点：切割形状多样化，切割速度比线切割快，材料不会变形，切口细，精度及质量高，声小，无刀具磨损，无需考虑切割材料的硬度，可加工大型、较厚（8mm）、形状复杂及其他方法难以加工的零件。但其成本较高，同时会损坏工件的支撑台，而且切割面易沉积

氧化膜,难处理。

注意的问题:

(1)激光切割一般只用于钣金零件打样和小批量加工。

(2)铝合金板及铜合金板一般不能用,因为材料传热太快造成切口周围融化,不能保证加工精度及质量。

(3)激光切割端面有一层氧化皮,用酸洗不掉,有特殊要求的切割端面要打磨。

(4)激光切割密孔、细长形条料变形较大,如机柜的钣金折弯的立柱,用激光切割下料容易变形,数控冲下料则不存在这个问题。

5. 线切割

线切割是把工件和电极丝(钼丝、铜丝)各作为一极,并保持一定距离,在有足够高的电压时形成火花隙,对工件进行电蚀切割的加工方法,切除的材料由工作液带走。

特点:加工精度高,但加工速度较低,成本较高,且会改变材料表面性质。一般用于模具加工,不用于产品零件加工。有些单板的型材面板上的方孔的四角不是圆角过渡,无法铣削,铝合金材料又不能用激光切割,在没有冲压空间不能冲压时,只能采取线切割加工,但加工速度很慢,效率非常低,无法适应批量生产,设计时应该避免这种情况。

6. 常用的三种落料和冲孔方法的特点对比

常用的三种冲孔和落料加工特点比较见表1-4。

表1-4   常用的三种冲孔和落料加工特点比较

特性	冷冲模	数控冲(包括密孔冲)	激光切割
可加工材质	钢板、铜板、铝板	钢板、铜板、铝板	钢板
可加工壁厚	一般小于6mm	0.8~3.5mm	1~8mm
加工最小尺寸 (普通冷轧钢板)	冲圆孔直径≥t 方孔小边$W≥t$ 长槽宽$W≥2t$	冲圆孔直径≥t 方孔小边$W≥t$ 长槽宽$W≥t$	最小细缝0.2mm 最小圆0.7mm
孔与孔,孔与边的边缘最小距离	≥t	≥t	≥t
孔与孔,孔与边的边缘优选距离	≥1.5t	≥1.5t	≥1.5t
一般加工精度	±0.1mm	±0.1mm	±0.1mm
最大加工范围	—	2500mm×1350mm	3000mm×1500mm
外观效果	少量毛边	毛边大,且有带料毛边	外缘光滑,切割端面有一层氧化皮
曲线效果	光滑,形状多变	毛边大,形状规范	光滑,形状多变
加工速度	最快	冲制密孔快	切割外圆快
加工文字	冲压,凹形文字,符号可较深;尺寸受模具限制	冲压,凹形文字,符号可较深;尺寸受模具限制	刻蚀,较浅,尺寸不受限制

特性	冷冲模	数控冲（包括密孔冲）	激光切割
成形	可实现较复杂的形状	凹点，沉孔，小型拉伸等均可	不能
加工费用	最低	低	较高

注：t 为材料厚度。

1.4.2　冲孔落料的工艺性设计

1. 排布的工艺性设计

大批量生产，零件材料费用占较大的比重，对材料的充分和有效地利用，是钣金生产的一项重要经济指标。所以在不影响使用要求的条件下，争取采用无废料或少废料的排布方法，如图1-7所示。

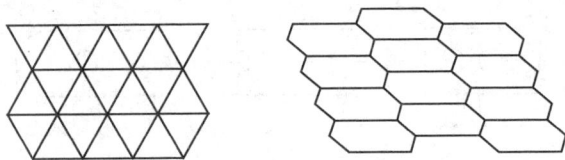

图 1-7　无废料排布

有些零件形状略加改变，就可以大大节约材料，如图1-8所示，图（a）比图（b）省料。

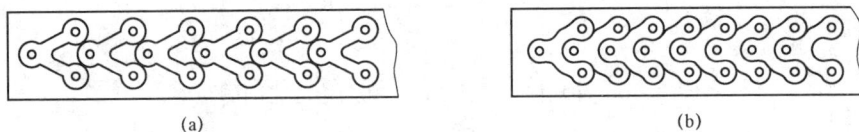

(a)　　　　　　　　　　　　　　　(b)

图 1-8　略改设计的省料排布

2. 冲裁件的工艺性

（1）外圆角的规范。对于数控冲床加工外圆角，需要专用的外圆角模具，如图1-9所示。为了减少外圆角模具，一般规范外圆角为：

1）90°直角外圆角系列半径 r 为 2.0mm、3.0mm、5.0mm、10mm。

2）135°的斜角的外圆角半径 R 统一为 5.0mm。

（2）圆孔的孔径选择。圆孔的直径应当参考生产加工厂的现有模具，选择规定的圆孔系列，这样可以减少圆孔模具的数量，减少数控冲床更换模具的时间。

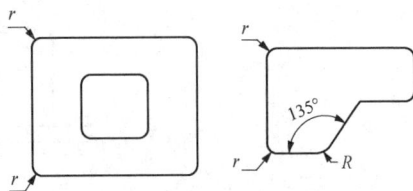

图 1-9　冲裁件的外圆角

（3）不同材料的最小孔径。受冲孔凸模强度的限制，孔径不能过小，最小孔径和材料的厚度有关。在设计时孔的直径不应小于表1-5中的数值。

表1-5 　　　　　　　　　　　普通冲床冲孔的最小尺寸　　　　　　　　　　（单位：mm）

材料	冲孔的最小直径或最小边长（t 为材料厚度）		
	圆孔 D （D 为直径）	方孔 L （L 为边长）	腰圆孔、矩形孔 a （a 为最小边长）
高，中碳钢	$\geqslant 1.3t$	$\geqslant 1.2t$	$\geqslant 1t$
低碳钢及黄铜	$\geqslant 1t$	$\geqslant 1t$	$\geqslant 1t$
铝、锌	$\geqslant 0.8t$	$\geqslant 0.6t$	$\geqslant 0.6t$
布质胶木层压板	$\geqslant 0.4t$	$\geqslant 0.35t$	$\geqslant 0.3t$

（4）冲裁件的最小孔距。冲裁件孔与孔之间、孔与边缘之间的距离不应过小，其值如图1-10所示。

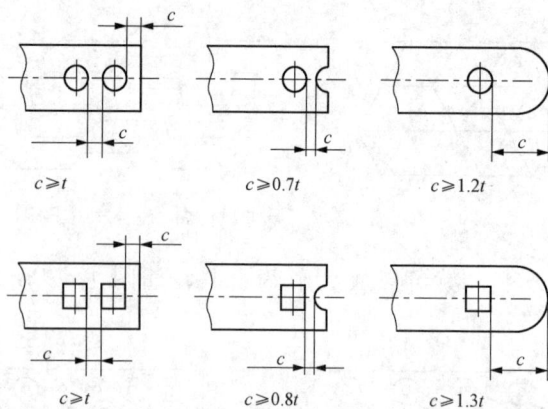

图1-10　冲裁件孔与孔之间、孔与边缘之间的距离

（5）冲裁件的搭边要求。采用复合模加工的孔与外形、孔与孔之间的精度较易保证，加工效率也较高，但孔与孔之间、孔与外形之间的距离必须能满足复合模的最小壁厚要求，见图1-11和表1-6。

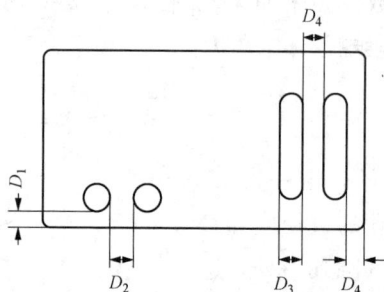

图1-11　冲裁件的搭边要求

表1-6　　　　　　　　　　复合模加工冲裁件的搭边最小尺寸　　　　　　（单位：mm）

	t（0.8以下）	t（0.8～1.59）	t（1.59～3.18）	t（3.2以上）
D_1	3			2t
D_2	3			2t
D_3	1.6	2t		2.5t
D_4	1.6	2t		2.5t

注：t 为材料厚度。

在拉伸零件上冲孔时，为了保证孔的形状及位置精度以及模具的强度，其孔壁与零件直壁之间应当保持一定的距离，如图1-12所示，即其距离 a_1 及 a_2 应当满足下列要求：

$$a_1 \geqslant R_1 + 0.5t$$
$$a_2 \geqslant R_2 + 0.5t$$

式中：R_1，R_2 为圆角半径，t 为板料厚度。

（6）冲裁件孔中心距的公差。冲裁件孔中心距的公差如图1-13所示，图中冲裁孔中心距的公差见表1-7。

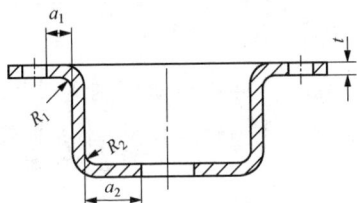

图1-12　在拉伸件上冲孔

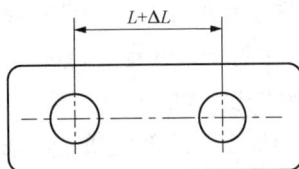

图1-13　冲裁件孔中心距的公差

表1-7　　　　　　　　　　　　　孔中心距的公差表　　　　　　　　　　（单位：mm）

材料厚度	普通冲孔精度			高级冲孔精度		
	公称尺寸 L			公称尺寸 L		
	≤50	50～150	150～300	≤50	50～150	150～300
≤1	±0.1	±0.15	±0.20	±0.03	±0.05	±0.08
1～2	±0.12	±0.20	±0.30	±0.04	±0.06	±0.10
2～4	±0.15	±0.25	±0.35	±0.06	±0.08	±0.12
4～6	±0.20	±0.30	±0.40	±0.08	±0.10	±0.15

注：使用本表数值时所有孔应是一次冲出的。

（7）孔中心与边缘距离的公差。孔中心与边缘距离的公差如图1-14所示，图中孔中心与边缘距离的公差见表1-8。

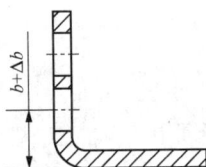

图1-14　孔中心与边缘距离的公差

表 1-8 　　　　　　　　　　孔中心与边缘距离的公差 　　　　　　（单位：mm）

材料厚度	尺寸 b			
	≤50	50～120	120～220	220～360
<2	±0.2	±0.3	±0.5	±0.7
≥2～4	±0.3	±0.5	±0.6	±0.8
>4	±0.4	±0.5	±0.8	±1.0

注：本表适用于落料后才进行冲孔的情况。

（8）螺钉、螺栓的过孔。螺钉、螺栓过孔和沉头座的结构尺寸按表 1-9 选取。对于沉头螺钉的沉头座，如果板材太薄难以同时保证过孔 d_2 和沉孔 D，应优先保证过孔 d_2。

表 1-9 　　　　　　　　　　　用于螺钉、螺栓的过孔

d_1		M2	M2.5	M3	M4	M5	M6	M8	M10
d_2		$\phi2.2$	$\phi2.8$	$\phi3.5$	$\phi4.5$	$\phi5.5$	$\phi6.5$	$\phi9$	$\phi11$

（9）冲压件设计尺寸基准的选择原则。

1）设计尺寸基准尽可能与制造的定位基准相重合，这样可以避免制造误差。

2）冲压件的孔位尺寸基准，应尽可能选择在冲压过程中自始至终不参加变形的面或线上，且不要与参加变形的部位联系起来。

3）工序在不同模具上分散冲压的零件，要尽可能采用同一个定位基准。

3. 冲裁件毛刺的极限值

冲裁件毛刺超过一定的高度是不允许的，冲裁件毛刺高度的极限值见表 1-10。

表 1-10 　　　　　　　　　　冲裁件毛刺高度的极限值

壁厚/mm	材料抗拉强度/(N/mm²)											
	>100～250			>250～400			>400～630			>630		
	f	m	g	f	m	g	f	m	g	f	m	g
>0.7～1.0	0.12	0.17	0.23	0.09	0.13	0.17	0.05	0.07	0.1	0.03	0.04	0.05
>1.0～1.6	0.17	0.25	0.34	0.12	0.18	0.24	0.07	0.11	0.15	0.04	0.06	0.08
>1.6～2.5	0.25	0.37	0.5	0.18	0.26	0.35	0.11	0.16	0.22	0.06	0.09	0.12
>2.65～4.0	0.36	0.54	0.72	0.25	0.37	0.5	0.2	0.3	0.4	0.09	0.13	0.18

注：f 级（精密级）适用于较高要求的零件；m 级（中等级）适用于中等要求的零件；g 级（粗糙级）适用于一般要求的零件。

4. 二次切割

二次切割也叫"二次下料"或者"补割"（工艺性极差，设计时应尽量避免），由于拉伸材料有挤料变形现象、折弯变形较大等原因，加工难以保证尺寸要求时，工艺设计先加大落料，先成形，再补充加工外形，去除预留材料，以获得完整正确结构尺寸。

应用：拉伸凸台离边缘较近等，都必须补割。

以模具压沉孔为例说明二次切割过程，如图 1-15 所示。

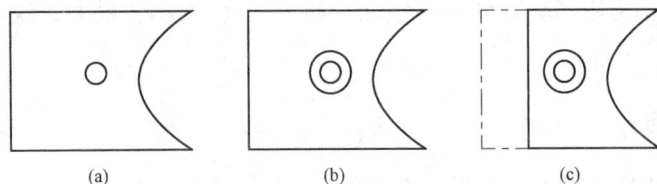

图 1-15　二次切割过程

(a) 加大落料、冲孔；(b) 压沉孔；(c) 二次切割

1.5　折　弯　工　艺

钣金的折弯是指改变板材或板件角度的加工，如将板材弯成 V 形、U 形等。一般情况下，钣金折弯有两种方法：一种方法是模具折弯，用于外形复杂、尺寸较小、大批量加工的钣金结构；另一种是折弯机折弯，用于加工结构尺寸比较大的或产量不是很大的钣金结构。

1.5.1　模具折弯

对于加工量较大、尺寸不是太大的结构件（一般情况为 300mm×300mm），加工厂家一般考虑开冲压模具加工。

1. 常用折弯模具

常用折弯模具如图 1-16 所示。为了延长模具的寿命，零件设计时尽可能采用圆角。过小的弯边高度，即使用折弯模具也不利于成形，一般弯边高度≥3t（包括壁厚）。

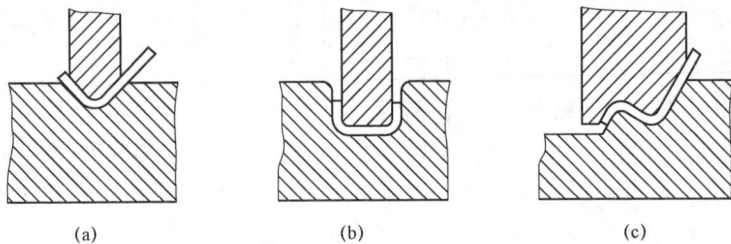

图 1-16　常用的折弯模具

(a) V 形折弯模；(b) U 形折弯模；(c) Z 形折弯模

2. 台阶的加工处理办法

一些高度较低的钣金 Z 形台阶折弯，加工厂家往往采用简易模具在冲床或者油压机上加工，批量不大也可在折弯机上用段差模加工，如图 1-17 所示。但是，其高度 H 不能太高，一般应该在 $(0\sim1.0)t$，

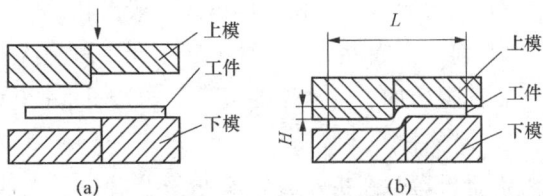

图 1-17　Z 形台阶折弯

(a) 折弯前；(b) 折弯后

如果高度为（1.0～3.0）t，要根据实际情况考虑使用加卸料结构的模具形式。这种模具台阶高度可以通过加垫片进行调整，所以，高度 H 是任意调节的。但是也有一个缺点，就是长度 L 尺寸不易保证，竖边的垂直度不易保证。如果高度 H 尺寸很大，就要考虑在折弯机上折弯或者模具折弯。

1.5.2 折弯机折弯

折弯机分为普通折弯机和数控折弯机两种。由于精度要求较高，折弯形状不规则，电力电子设备的钣金折弯一般用数控折弯机折弯，其基本原理就是利用折弯机的折弯刀（上模）、V 形槽（下模）对钣金件进行折弯和成形。

优点：装夹方便，定位准确，加工速度快。缺点：压力小，只能加工简单的成形，效率较低。

1. 折弯成形基本原理

折弯成形基本原理如图 1 - 18 所示。

（1）折弯刀（上模）。折弯刀（上模）的形式如图 1 - 18 所示，加工时主要是根据工件的形状需要选用，一般加工厂家的折弯刀形状较多，特别是专业化程度较高的厂家，为了加工各种复杂的折弯，定做了很多形状、规格的折弯刀。

（2）下模一般用 $V = 6t$（t 为料厚）模。影响折弯加工的因素有许多，主要有上模圆弧半径、材质、料厚、下模强度、下模的模口尺寸等因素。如图 1 - 19 所示，左边为折弯刀上模，右边为折弯刀下模。

折弯加工顺序的基本原则：

1）由内到外进行折弯。

2）由小到大进行折弯。

3）先折弯特殊形状，再折弯一般形状。

4）前工序成形后对后继工序不产生影响或干涉。

目前生产加工厂常见的折弯形式如图 1 - 20 所示。

2. 折弯半径

钣金折弯时在折弯处需有折弯半径，折弯半径不宜过大或过小，应适当选择。折弯半径过小容易造成折弯处开裂，折弯半径太大又使折弯处易反弹。

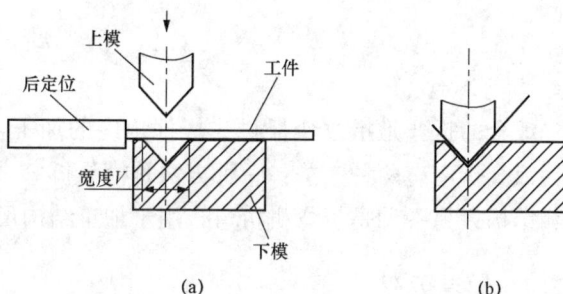

图 1 - 18 折弯成形基本原理
(a) 折弯；(b) 完成

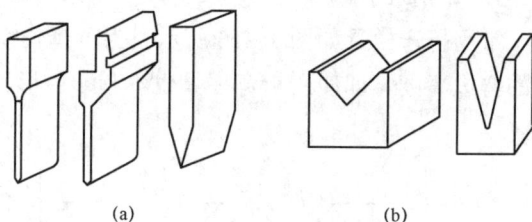

图 1 - 19 数控折弯模示意图
(a) 折弯刀上模；(b) 折弯刀下模

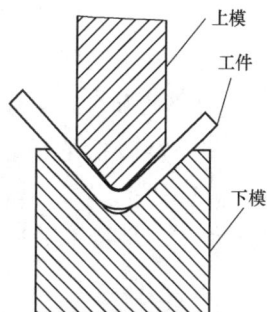

图 1 - 20 折弯机折弯形式

各种材料不同厚度的优选折弯半径（折弯内半径）见表1-11。

表1-11   最小弯曲半径数值

材料	退火状态		冷作硬化状态	
	弯曲线方向与纤维方向的对应位置			
	垂直	平行	垂直	平行
08/08F、10/10F、SPCC	0.1t	0.4t	0.4t	0.8t
15、20、Q235、Q235A	0.1t	0.5t	0.5t	1.0t
25、30、Q255	0.2t	0.6t	0.6t	1.2t
45、50	0.5t	1.0t	1.0t	1.7t
65Mn、SUS301/304	1.0t	2.0t	2.0t	3.0t
铝	0.1t	0.35t	0.5t	1.0t
紫铜	0.1t	0.35t	1.0t	2.0t
软黄铜	0.1t	0.35t	0.35t	0.8t
半硬黄铜	0.1t	0.35t	0.5t	0.8t
磷青铜	—	—	1.0t	3.0t

注：表中 t 为板料厚度。

表1-11中的数据为优选的数据，仅供参考之用。实际上，厂家的折弯刀的圆角通常都是0.2mm，少量的折弯刀的圆角为0.5mm，所以，钣金件的折弯内圆角基本上都是0.2mm。对于普通的低碳钢钢板、防锈铝板、黄铜板、紫铜板等，内圆角0.2mm都是没有问题的，但对于一些高碳钢、硬铝、超硬铝，这种折弯圆角就会导致折弯处开裂或断裂。

3. 折弯回弹

折弯回弹示意图如图1-21所示。

（1）回弹角

$$\Delta a = b - a$$

式中：b 为回弹后制件的实际角度，a 为模具的角度。

（2）回弹角的大小 b。单角90°自由弯曲时的回弹角见表

1-12，r 为折弯半径，t 为材料厚度。

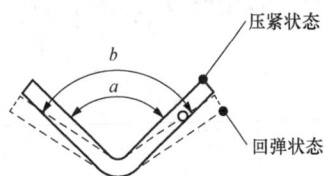

图1-21 折弯回弹示意图

表1-12   单角90°自由弯曲时的回弹角 b

材料	r/t	t/mm		
		<0.8	0.8~2	>2
低碳钢	<1	4°	2°	0°
黄铜	1~5	5°	3°	1°
铝、锌	>5	6°	4°	2°
中碳钢	<1	5°	2°	0°
硬黄铜	1~5	6°	3°	1°

续表

材料	r/t	t/mm		
		<0.8	0.8~2	>2
硬青铜	>5	8°	5°	3°
高碳钢	<1	7°	4°	2°
	1~5	9°	5°	3°
	>5	12°	7°	6°

（3）影响回弹的因素和减少回弹的措施。材料的力学性能回弹角的大小与材料的屈服点成正比，与弹性模量 E 成反比。对于精度要求较高的钣金件，为了减少回弹，材料应该尽可能选择低碳钢，不选择高碳钢和不锈钢等。

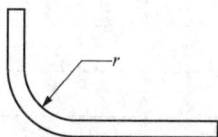

图 1-22　钣金的圆弧太大

相对弯曲半径 r/t 越大，则表示变形程度越小，回弹角 Δa 就越大。钣金折弯的圆角，在材料性能允许的情况下，应该尽可能选择小的弯曲半径，有利于提高精度。应该尽可能避免设计大圆弧，如图 1-22 所示，这样的大圆弧在生产时质量难以控制。

4. 最小折弯边的计算

L 形折弯起始状态如图 1-23 所示。

这里很重要的一个参数是下模口的宽度 B。考虑到折弯效果和模具强度，不同厚度的材料所需要的模口宽度存在一个最小值。小于该数值时，会出现折弯不到位或损坏模具的问题。最小模口宽度和材料厚度的关系见式（1-1）。

$$B_{min} = kt \qquad (1-1)$$

式中：B_{min} 为最小模宽；t 为材料厚度；计算最小模口宽度时 $k=6$。目前生产加工厂家常用的折弯下模宽度的规格如下：4，5，6，8，10，12，14，16，18，20，25。

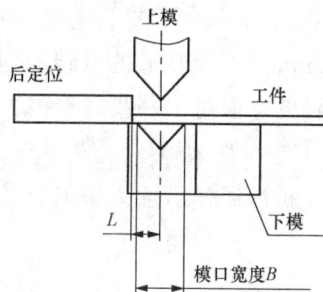

图 1-23　L 形折弯

根据上面的关系式就可以确定不同的料厚在折弯时所需下模模口宽度的最小值。例如，1.5mm 厚的板材折弯时，$B=6×1.5$mm=9mm。对照上面的模宽系列可以选择模口宽度为 10mm（或 8mm）的下模。从折弯的起始状态图可以看出折弯的边不能太短，结合上面的最小模口宽度（如图 1-24 所示），得到最短折弯边的计算公式见式（1-2）。

$$L_{min} = 0.5(B_{min}+\Delta)+0.5（参考） \qquad (1-2)$$

式中：L_{min} 为最短折弯边；B_{min} 为最小模口宽；Δ 为板材的折弯系数。

1.5mm 厚的板材折弯时，取槽宽为 8mm 的下模，最短折弯边 $L_{min}=0.5×（8+2.5）$ mm +0.5mm=5.75mm（包括一个板厚）。

冷轧薄钢板材料折弯内 R 及最小折弯高度参考见表 1-13。

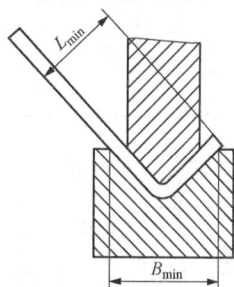

图 1-24　最小模口宽

表 1 - 13 　　　　　　　冷轧薄钢板材料折弯内 R 及最小折弯高度参考表　　　　　（单位：mm）

序号	材料厚度	凹模槽宽	凸模 R	最小折弯高度
1	0.5	4	0.2	3
2	0.6	4	0.2	3.2
3	0.8	5	0.2 或 0.8	3.7
4	1.0	6	0.2 或 1	4.4
5	1.2	8（或 6）	0.2 或 1	5.5（或 4.5）
6	1.5	10（或 8）	0.2 或 1	6.8（或 5.8）
7	2.0	12	0.5 或 1.5	8.3
8	2.5	16	0.5 或 1.5	10.7（或 9.7）
9	3.0	18	0.5 或 2	12.1
10	3.5	20	2	13.5
11	4.0	25	3	16.5

注：1. 最小折弯高度包含一个料厚。

　　2. 当 V 形折弯时折弯锐角时，最短折弯边需要加大 0.5mm。

　　3. 当零件材料为铝板和不锈钢板时，最小折弯高度会有较小的变化，铝板会变小一点，不锈钢会大一点。

5. Z 形折弯的最小折弯高度

Z 形折弯的折弯时起始状态如图 1 - 25 所示。

Z 形折弯和 L 形折弯的工艺非常相似，也存在着最小折弯边问题，由于受下模的结构限制，Z 形折弯的最短边比 L 形折弯时还要大，Z 形折弯最小边的计算公式见式（1 - 3）。

此处需留0.5mm的间隙

$$L_{min} = 0.5(B_{min} + \Delta) + D + t + 0.5$$

$$(1 - 3)$$

图 1 - 25　Z 形折弯

式中：L_{min} 为最短折弯边；B_{min} 为最小模口宽；Δ 为板材的折弯系数；t 为料厚；D 为下模模口到边的结构尺寸，一般大于 5mm。

不同材料厚度的钣金 Z 形折弯对应的最小折弯尺寸 L 见表 1 - 14。

表 1 - 14 　　　　　　　　　　　　　Z 形折弯的最小高度　　　　　　　　　　　（单位：mm）

序号	材料厚度	凹模槽宽	凸模 R	Z 形折弯高度 L
1	0.5	4	0.2	8.5
2	0.6	4	0.2	8.8
3	0.8	5	0.2 或 0.8	9.5
4	1.0	6	0.2 或 1	10.4
5	1.2	8（或 6）	0.2 或 1	11.7（或 10.7）
6	1.5	10（或 8）	0.2 或 1	13.3（或 12.c）

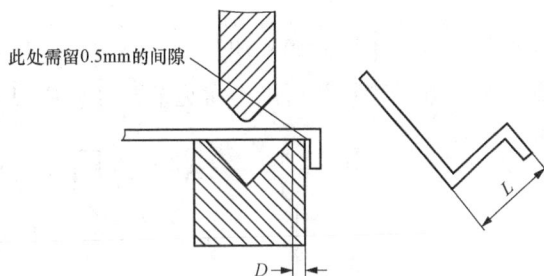

序号	材料厚度	凹模槽宽	凸模 R	Z 形折弯高度 L
7	2.0	12	0.5 或 1.5	14.3
8	2.5	16	0.5 或 1.5	18.2（或 17.b）
9	3.0	18	0.5 或 2	20.1
10	3.5	20	2	22
11	4.0	25	3	25.5

6. 折弯时的干涉现象

对于二次或二次以上的折弯，经常出现折弯工件与刀具相碰出现干涉，如图 1-26 所示，这样就无法完成折弯或者因为折弯干涉导致折弯变形。

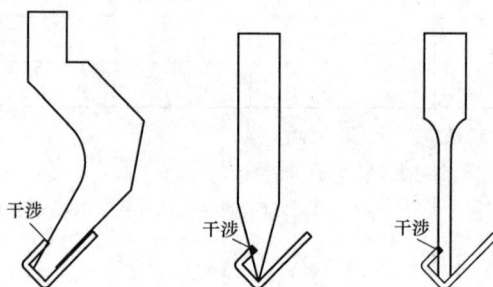

图 1-26　折弯的干涉

钣金折弯的干涉问题不涉及太多的技术，只要了解一下折弯模的形状和尺寸，在结构设计时注意避开折弯模就可以。常见的几种折弯刀的截面形状如图 1-27 所示。

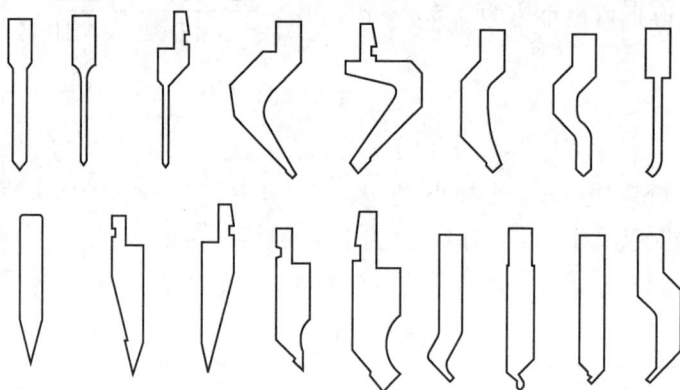

图 1-27　折弯刀的截面形状

对于翻孔攻螺纹来说，图 1-28 所示的 L 值不能设计得太小，最小 L 值可以根据材料厚度、翻孔外径、翻孔高度、所选折弯刀具等参数计算或作图得到。以 1.5mm 厚的折弯钢板上翻 M4 的翻孔攻螺纹为例，L 值应该大于 8mm，否则，折弯刀会碰伤翻边。

7. 孔、长圆孔离折弯边最小距离

图 1-29 所示折弯孔边离折线太近，折弯时会产生孔形状变形；因此，孔边与折弯线要求大于最小孔边距：

当板厚 $t < 2mm$ 时，应当取 $X \geq t$。

当板厚 $t \geq 2mm$ 时，应当取 $X \geq 1.5t$。

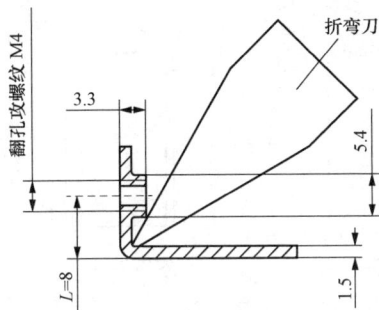

图 1-28 翻孔攻螺纹件的折弯（单位：mm）　　图 1-29 圆孔离折弯边最小距离

如图 1-30 所示，长圆孔离折线太近，折弯时会产生孔形状变形；因此，孔边与折弯线要求大于最小孔边距参考表 1-15 和表 1-16。

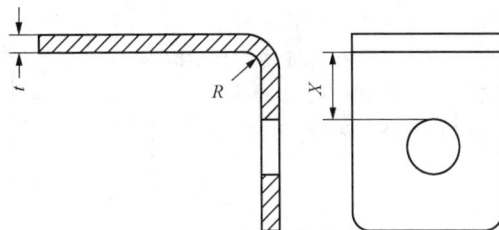

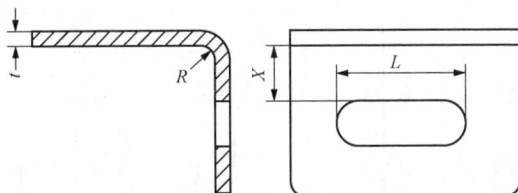

图 1-30 长圆孔离折弯边最小距离

表 1-15	圆孔离折弯边最小距离					（单位：mm）
钣料厚度 t	0.6~0.8	1.0	1.2	1.5	2.0	2.5
最小距离 X	1.3	1.5	1.7	2.0	3	3.7

表 1-16	长圆孔离折弯边最小距离		（单位：mm）
钣料厚度 t	<26	$26\sim50$	>50
最小距离 X	$2t+R$	$2.5t+R$	$3t+R$

对于不重要孔，可将孔扩大至折弯线，如图 1-31 所示，缺点：影响外观效果。

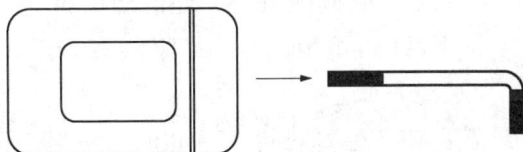

图 1-31 折弯改进设计

8. 孔靠近折弯时的特殊加工处理

当孔距折弯线小于上述的最小距离时，折弯后会产生变形，此时可根据产品不同的要求，按表 1-17 方式来处理。但是这些方法工艺性较差，结构设计应该尽量避免。

表 1-17　　　　　　　　　　　　　孔靠近折弯时的特殊加工处理

（1）折弯前压槽处理。 因为结构设计的需要，实际距离比上述距离还要小时，加工厂家往往采用折弯前压槽处理。其缺点是：折弯机压线处理会多一道工序，效率和精度都会降低	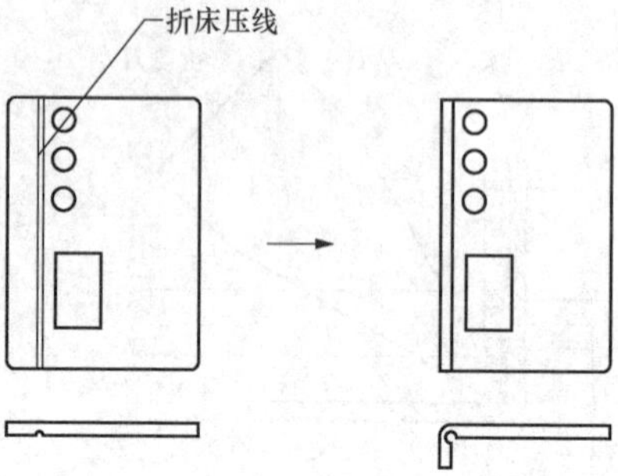 折床压线
（2）沿折弯线割孔或割线。 对工件外观无影响或可以接受时，可以割孔或割线改善其工艺性。缺点：影响外观，并且因为割线或者割窄槽时，一般需要用激光机切，加工成本高	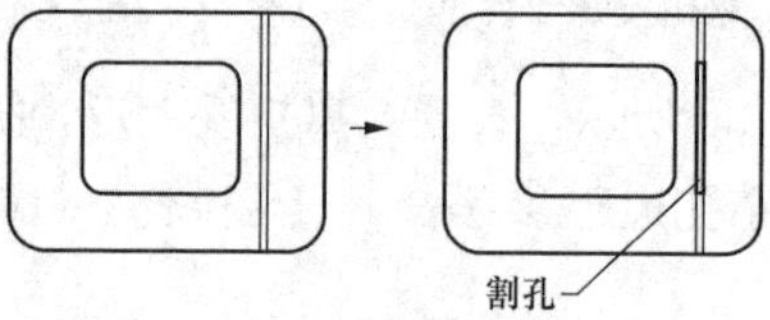 割孔
（3）在靠近折弯线的孔边折弯后补加工至设计尺寸。 一般这种二次去料不能在冲床上完成，只能在激光切割机上进行二次切割，定位麻烦，这种加工的成本很高	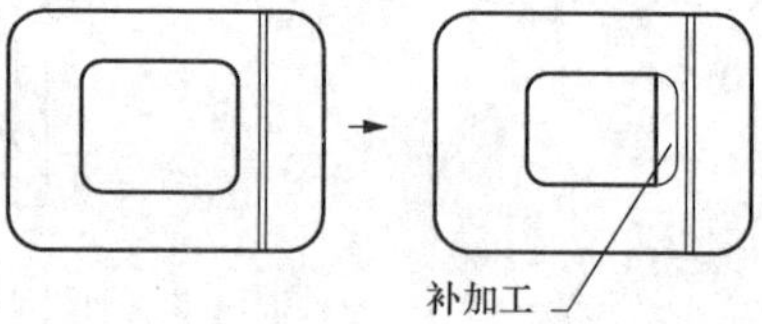 补加工
（4）折弯后扩孔处理。 只有一个或几个像素孔到折弯线的距离小于最小孔距，产品外观要求严格时，为了避免折弯时拉料，此时可对像素进行缩孔处理，在折弯前先割出一个小同心圆（一般为 $\phi1.0$mm），折弯后扩孔原尺寸。缺点：效率低	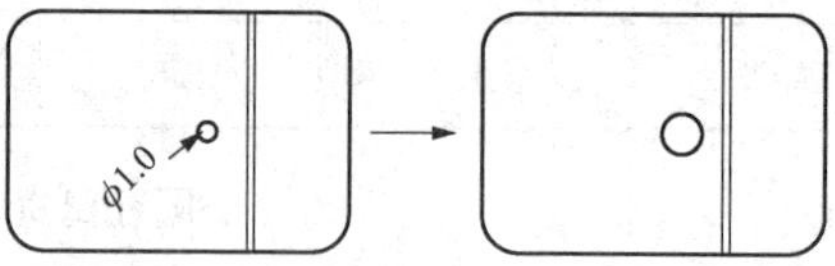 $\phi1.0$

9. 折弯刀（上模）最小宽度

折弯刀的最小宽度为 4.0mm，受此限制，工件内部的折弯加工部分孔口不得小于 4.0mm，否则须将孔口扩大或考虑用易弯模成形，如图 1-32 所示。

10. 弯曲件的工艺孔、工艺槽和工艺缺口

在设计弯曲件时，如果需要将弯边弯曲到毛坯内边时，一般应事先加冲工艺孔、工艺槽或工艺缺口，如图 1-33 所示。

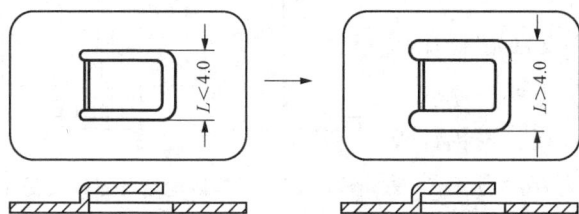

图1-32 折弯加工部分孔口不得小于4.0mm

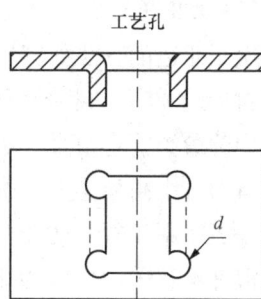

图1-33 加冲工艺孔

图中 d 为工艺孔的直径，$d \geqslant t$。

止裂槽或切口：一般情况下，对于一条边的一部分折弯，为了避免撕裂和畸变，应开止裂槽或切口。特别是对于内弯角小于60°的弯曲，更需要开止裂槽或切口。切口宽度一般大于板厚 t，切口深度一般大于 $1.5t$。

图1-34中图（b）较图（a）折弯更合理。

工艺槽、工艺孔要正确处理，面板及外观能看得到的工件可不加折弯拼角工艺孔（如面板在加工过程中，为保持统一风格，均不设工艺缺口），其他应加折弯拼角工艺孔，如图1-35所示。

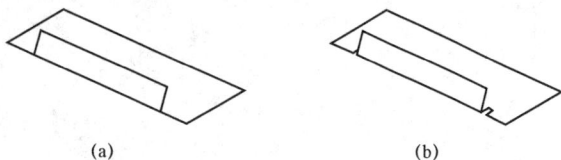

(a)   (b)

图1-34 止裂槽或切口的折弯

11. 折弯搭碰的间隙

折弯搭碰之间的间隙，加工厂家一般按照0.2mm左右的间隙进行工艺设计。没有特殊要求，一般不要标注这个间隙，错误的标注如标注间隙为0mm、0.5mm等，反而影响加工厂家的工艺设计，如图1-36所示。

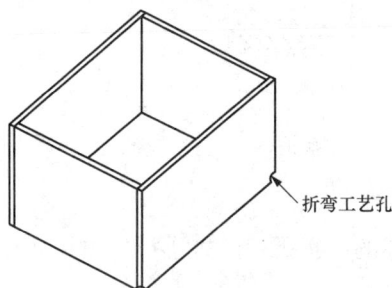

图1-35 折弯拼角工艺孔

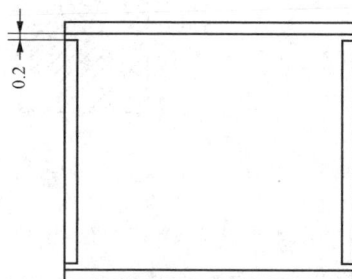

图1-36 折弯搭碰的间隙（单位：mm）

12. 突变位置的折弯

折弯件的折弯区应避开零件突变的位置，折弯线离变形区的距离 L 应大于两倍的弯曲半径 r，即 $L \geqslant 2r$，如图1-37所示。

13. 一次压死边

一次压死边的方法如图 1-38 所示，先用 30°折弯刀将板材折成 30°，再将折弯边压平。

图中的最小折弯边尺寸 L 对照表 1-13 中描述的一次折弯的最小折弯边尺寸加 $0.5t$（t 为材料厚度）。压死边一般适用于板材为不锈钢、镀锌板、覆铝锌板等，电镀件不宜采用，因为压死边的地方会有夹酸液的现象。

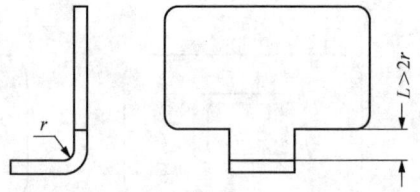

图 1-37 折弯区应避开零件突变的位置

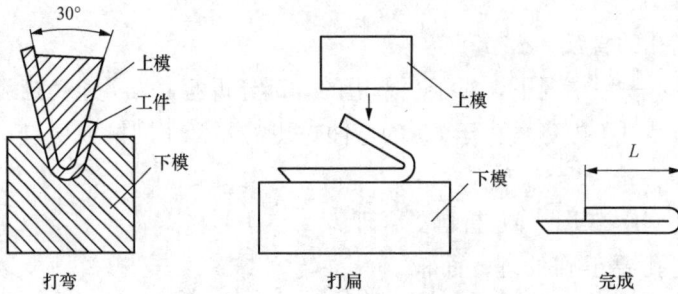

图 1-38 压死边的方法

14. 180°折弯

180°折弯的方法如图 1-39 所示，先用 30°折弯刀将板材折成 30°，再将折弯边压平，压平后抽出垫板。

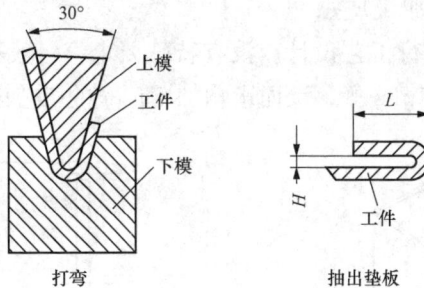

图 1-39 180°折弯的方法

图中的最小折弯边尺寸 L 对照表 1-13 中描述的一次折弯的最小折弯边尺寸加 t（t 为材料厚度），高度 H 应该选择常用的板材，如 0.5mm、0.8mm、1.0mm、1.2mm、15mm、2.0mm，一般不宜选择更高的尺寸。

15. 三重折叠压死边

三重折叠压死边方法如图 1-40 所示，先折形，再折死边，设计时注意各部分尺寸，保证各加工步骤满足最小折弯尺寸，避免不必要的后期加工。最后折弯边压平所需最小承压边尺寸见表 1-18。

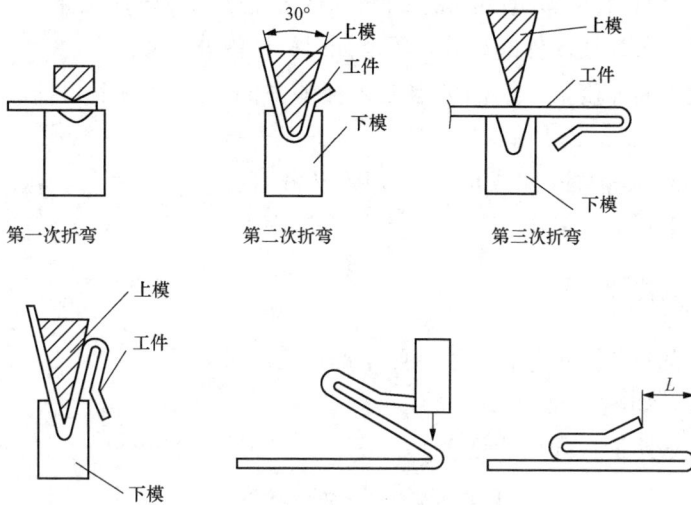

图 1-40　三重折叠压死边

表 1-18　　　　　　　　最后折弯边压平所需最小承压边尺寸　　　　　（单位：mm）

钣料厚度 t	0.5	0.6	0.8	1.0	1.2	1.5	2.0	2.5
承压边尺寸 L	4.0	4.0	4.0	4.0	4.5	4.5	5.0	5.0

1.6　拉　伸　工　艺

1.6.1　常见拉伸的形式和设计注意事项

钣金件的拉伸如图 1-41 所示。钣金件的拉伸注意事项：

（1）拉伸件的底与壁之间的最小圆角半径应大于板厚，即 $r_1 > t$；为了使拉伸进行得更顺利，一般取 $r_1 = (3\sim5)t$，最大圆角半径应小于板厚的 8 倍，即 $r_1 < 8t$。

（2）拉伸件凸缘与壁之间的最小圆角半径应大于板厚的 2 倍，即 $r_2 > 2t$；为了使拉伸进行得更顺利，一般取 $r_2 = 5t$，最大圆角半径应小于板厚的 8 倍，即 $r_1 < 8t$。

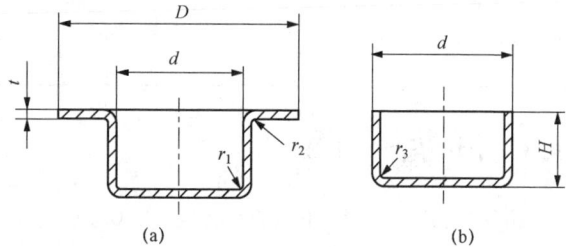

图 1-41　钣金件拉伸设计

(a) 带凸缘的圆形/矩形拉伸件；

(b) 不带凸缘的圆形/矩形拉伸件

（3）圆形拉伸件的凸缘直径应取 $D \geqslant d + 12$，以便在拉伸时压板压紧不致起皱。

（4）矩形拉伸件相邻两壁间的最小圆角半径应取 $r_3 \geqslant 3t$，为了减少拉伸次数，尽可能取 $r_3 \geqslant 0.2H$，以便一次拉伸完成。

（5）拉伸件由于各处所受应力不同，使拉伸后材料厚度发生变化。一般底部中央保持原来厚度，底部圆角处材料变薄，顶部靠近凸缘处材料变厚；在设计拉伸产品时，在图纸上明确注明必须保证外部尺寸或内外部尺寸，不能同时标注内外尺寸。

（6）拉伸件之材料厚度，一般都考虑工艺变形中的上下壁厚不相等的规律（即上厚下薄）。

（7）圆形无凸缘拉伸件一次成形时，高度 H 和直径 d 之比应小于或等于 0.4。

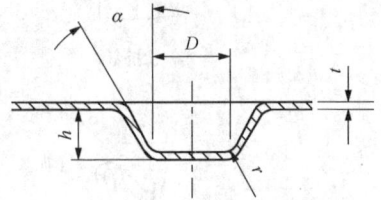

1.6.2 打凸的工艺尺寸

在钣金上打凸的形状和尺寸，可以参照生产加工厂现有的模具系列尺寸，如图 1-42 所示。

打凸间距和凸边距的极限尺寸见表 1-19。

图 1-42 钣金上打凸

表 1-19　　　　　　　打凸间距和凸边距的极限尺寸　　　　　　（单位：mm）

简图	L	B	D
	6.5	10	6
	8.5	13	7.5
	10.5	15	9
	13	18	11
	15	22	13
	18	26	16
	24	34	20
	31	44	26
	36	51	30
	43	60	35
	48	68	40
	55	78	45

1.6.3 半切压凹与压线

如图 1-43（a）所示，在钣金上冲 0.3mm 深的半切压凹，可作为铭牌等标贴的粘贴位置。此种半切压凹，变形比正常的拉伸要小得多，但是，对于四周没有折弯或者折弯高度较小的大面积盖板和底板等零件，还是有一定的变形。也可以在贴标贴范围冲压两直角线，如图 1-43（b）所示，可改善变形，但粘贴的标贴容易被磨掉，可靠性降低。此方法还可用于产品编码、生产日期、版本、图案等加工。

1.6.4 加强筋加工

在板状金属零件上压筋，如图 1-44 所示，有助于增加结构刚性，加强筋形状及尺寸应按照加生产工厂通用模具规定的规格选用。加强筋结构及其尺寸选择见表 1-20。

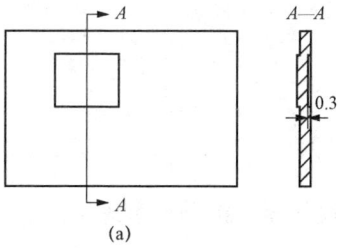

图 1-43 压沉凹与压线
(a) 压沉凹；(b) 压线

图 1-44 加强筋示意结构

表 1-20　　　　　　　　　　加强筋结构及其尺寸

简图	R	h	B 或 D	r	α
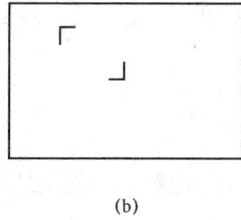	(3~4) t	(2~3) t	(7~10) t	(1~2) t	—
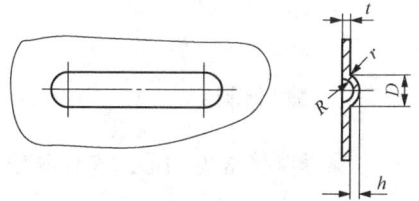	—	(1.5~2)t	≥3h	(0.5~1.5)t	15°~30°

1.6.5 百叶窗加工

百叶窗通常用于各种罩壳或机壳上起通风散热作用，其成形方法是借凸模的一边刃口将材料切开，而凸模的其余部分将材料同时作拉伸变形，形成一边开口的起伏形状。

百叶窗的典型结构如图 1-45 所示。

百叶窗尺寸要求：$a≥4t$；$b≥6t$；$h≤5t$；$L≥24t$；$r≥0.5t$。

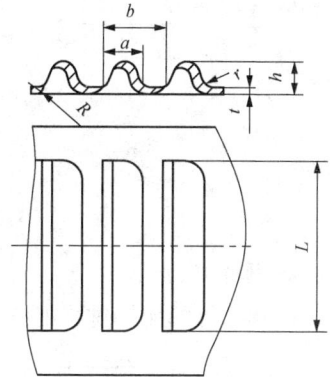

图 1-45 百叶窗的结构

1.6.6 弯曲件相关尺寸标注

标注弯曲件相关尺寸时，要考虑工艺性，如图 1-46 所示，图 (a) 先冲孔后折弯，L 尺寸精度容易保证，加工方便。图 (b) 和图 (c) 如果尺寸 L_1 和 L_2 精度要求高，则需要先折弯后加工孔，加工非常麻烦，最好不采用。

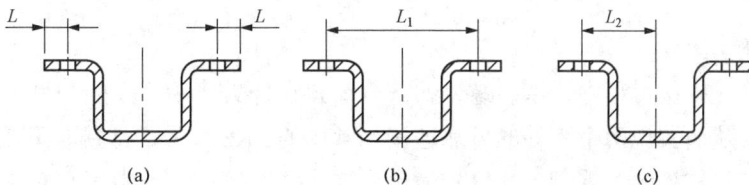

图 1-46 弯曲件标注示例

27

1.7 铆 接 工 艺

1.7.1 螺母铆接

螺母铆接常见的形式有压铆螺柱、压铆螺母、涨铆螺母、拉铆螺母、浮动压铆螺母。

1. 压铆螺柱

压铆螺柱的铆接，要求铆接的压铆螺柱的硬度要远大于基材的硬度，在外界压力下，压铆螺柱使基体材料发生塑性变形，并挤入压螺柱结构中预制槽内，从而实现两个零件的可靠连接。普通低碳钢、铝合金板、铜板板材适合于压接压铆螺柱。不锈钢和高碳钢板材因为材质较硬，需要特制的高强度的压铆螺柱，不仅价格很高，而且压接困难，压接不牢靠，压接后容易脱落，厂家为了保证可靠性，常常需要在螺柱的侧面加焊一下，工艺性不好，因此，有压铆螺柱和压铆螺母的钣金零件尽可能不采用不锈钢。包括压铆螺母、压铆螺钉也是这种情况，不合适在不锈钢板材上使用。

压铆螺柱的压接过程如图 1-47 所示。

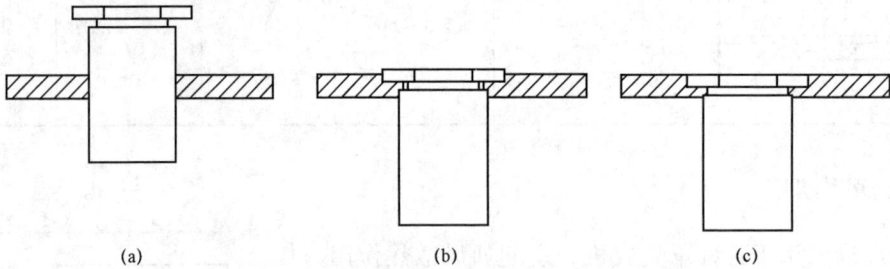

图 1-47 压铆螺柱的压接过程示意图
(a) 装入螺母柱；(b) 受力变形；(c) 铆接完成

2. 压铆螺母

压铆螺母的压接过程如图 1-48 所示。

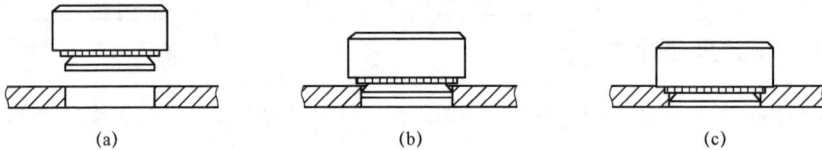

图 1-48 压铆螺母的压接过程示意图
(a) 装入螺母；(b) 受力变形；(c) 铆接完成

3. 涨铆螺母

涨铆就是指在铆接过程中，铆装螺母的部分材料在外力作用下发生塑性变形，与基体材料形成紧配合，从而实现两个零件的可靠连接。常用的 ZRS 型号的涨铆螺母就是采用此种铆接形式实现与基材连接的。涨铆工艺比较简单，连接强度较低，通常用在对紧固件高度有限制，且承受扭矩不大的情况。如图 1-49 所示。

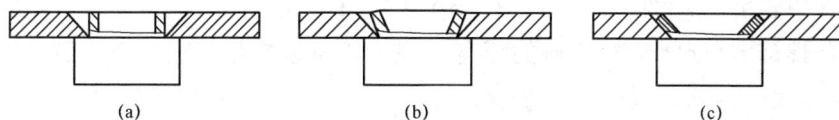

图 1-49　涨铆过程示意图

(a) 装入螺母；(b) 受力变形；(b) 铆接完成

4. 拉铆螺母

拉铆是指铆接件在外界拉力的作用下，发生塑性变形，其变形的位置通常在专门设计的部位，靠变形部位夹紧基材来实现可靠的连接。常用的拉铆螺母就是采用此种铆接形式实现与基材的连接的。拉铆要用专用的铆枪进行铆接，加工性不太好，加工效率低，多用在安装空间较小，无法使用通用铆接工装的情况，例如封闭的管材，一般情况下不推荐使用，如图 1-50 所示。

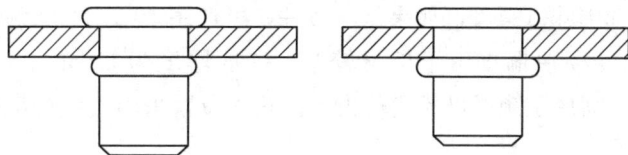

图 1-50　拉铆过程示意图

5. 浮动压铆螺母

有些钣金结构上的铆装螺母，因为整体机箱结构复杂，结构的积累误差太大，以致铆装螺母的相对位置误差很大，造成装配困难，在相应的压铆螺母位置上采用压式浮动螺母，可很好地改善这一情况，如图 1-51 所示。(注意：压铆位置一定要有足够空间)。

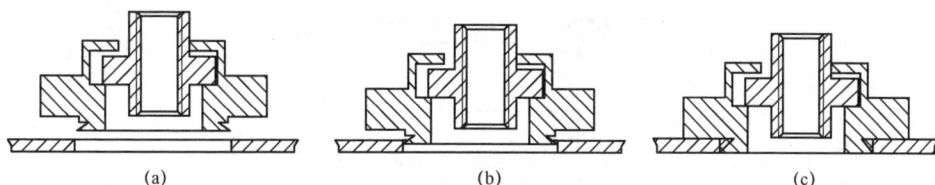

图 1-51　浮动压铆螺母压入过程示意图

(a) 压铆前；(b) 受力变形；(c) 压接完成

6. 涨铆螺母或压铆螺母到边距离

涨铆螺母或压铆螺母都是通过对板料的挤压使之与板料铆合在一起，涨或压时如到边的距离太近，则容易使板边变形，无特殊要求时，铆装紧固件中心线与板边缘距离 L 不能太小，如图 1-52 所示，否则必须使用专用夹具防止板的边缘受力变形。

7. 涨铆螺母或压铆螺母到折弯边的距离

当在折弯边上压、涨铆螺母时，为保证铆压螺母的铆接质量，需

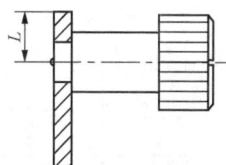

图 1-52　中心线与板边缘最小距离

注意：

（1）铆孔边到折弯边的距离必须大于折弯的变形区。

（2）铆装螺母中心到折弯边内侧的距离 L 应大于铆装螺母外圆柱半径 $D/2$ 与折弯内半径 r 之和，一般取 $r=0.5$，即 $L>D/2+0.5$。

8. 铆装螺母使用的注意事项

（1）不要在铝板阳极氧化或表面处理之前安装钢或不锈钢铆装紧固件。

（2）不锈钢和高碳钢板材由于材质硬，压接困难，容易脱落，厂家必须在螺母座的侧面点焊。

（3）同一直线上压铆过多，被挤压的材料没有地方可流动，会产生很大的应力，使工件弯曲成弧形。

（4）尽量保证在板的表面镀覆处理后再安装铆装紧固件，也可以在表面涂敷处理前铆接紧固件，并和板件一起涂敷处理。

（5）M5、M6、M8、M10 的螺母一般要点焊，太大的螺母一般要求强度较大，可采用弧焊。M4 以下尽量选用涨铆螺母，如果是电镀件，可选用未电镀的涨铆螺母。

（6）主回路铜排，模块铜排由于板材较厚，一般厚度为 6～12mm，连接螺栓规格为 M6～M12 之间，采用圆形压铆螺母易脱落失效。这些位置采用六角斜花挤压螺母。

1.7.2 翻孔攻螺纹

1. 常用粗牙螺纹翻孔尺寸

常用粗牙螺纹翻孔尺寸见表 1-21。

表 1-21　　　　　　　　　　　　常用粗牙螺纹翻孔尺寸　　　　　　　　　　（单位：mm）

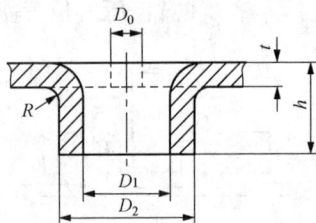

螺纹直径 M	材料厚度 t	翻孔内径 D_1	翻孔外径 D_2	翻孔总高 h	预冲孔直径 D_0	翻孔圆角半径 R
M2.5	0.6	2.1	2.8	1.2	1.4	0.3
	0.8		2.8	1.44	1.5	0.4
	1		2.9	1.8	1.2	0.5
	1.2		2.9	1.92	1.3	0.6
M3	1	2.55	3.5	2	1.4	0.5
	1.2		3.5	2.16	1.5	0.6
	1.5		3.5	2.4	1.7	0.75

续表

螺纹直径 M	材料厚度 t	翻孔内径 D_1	翻孔外径 D_2	翻孔总高 h	预冲孔直径 D_0	翻孔圆角半径 R
M4	1	3.35	4.46	2	2.3	0.5
	1.2		4.5	2.16	2.3	0.5
	1.5		4.65	2.7	1.8	0.75
	2		4.56	3.2	2.4	1
M5	1.2	4.25	5.6	2.4	3	0.6
	1.5		5.75	3	2.5	0.75
	2		5.75	3.6	2.7	1
	2.5		5.75	4	3.1	1.25
M6	1.5	5.1	7.0	3	3.6	0.75
	2		7.0	3.6	3.6	1
	2.5		7.0	4	2.8	1.25
	3		7.0	4.8	3.4	1.5

2. 翻孔攻螺纹到折弯边的最小距离

翻孔攻螺纹一般是在折弯前完成，如图 1-53 所示，为了避免折弯时折弯刀碰伤翻边，翻孔攻螺纹到边的距离 L 应大于一定的数值，见表 1-22。

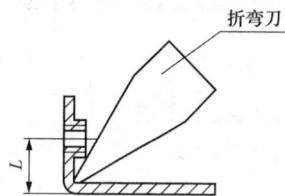

图 1-53 翻孔攻螺纹到折弯边的距离

表 1-22　　　　翻孔攻螺纹中心到折弯边距离 L 值对照表　　　（单位：mm）

螺纹直径 ＼ 材料厚度	1.0	1.2	1.5	2.0
M3	6.2	6.6	—	—
M4	—	7.7	8	—
M5	—	7.6	8.4	—

1.7.3 涨铆螺母、压铆螺母、拉铆螺母、翻孔攻螺纹的比较

涨铆螺母、压铆螺母、拉铆螺母、翻孔攻螺纹的比较见表 1-23。

表 1-23　　　　涨铆螺母、压铆螺母、拉铆、翻孔攻螺纹的比较

性能	涨铆	压铆	拉铆	翻孔攻螺纹
加工性	好	好	不好	一般
板材要求	好	不锈钢铆装性能差，使用特制压铆螺母，且要电焊	无	薄板及铜、铝软材易滑牙

性能	涨铆	压铆	拉铆	翻孔攻螺纹
精度	好	好	好	一般
耐用性	好	好	好	铜、铝软材差，其他材料螺纹有 3～4 扣以上好
成本	高	高	高	低
质量	好	好	好	一般

1.7.4 抽孔铆接

抽孔铆接是钣金之间的铆接方式，主要用于涂层钢板或者不锈钢板的连接，采用其中一个零件冲孔，另一个零件冲孔翻边，通过铆接使之成为不可拆卸的连接体，如图 1-54 所示。

优点：翻边与直孔相配合，本身具有定位功能，铆接强度高，通过模具铆接效率也比较高。

抽孔铆接尺寸见表 1-24。

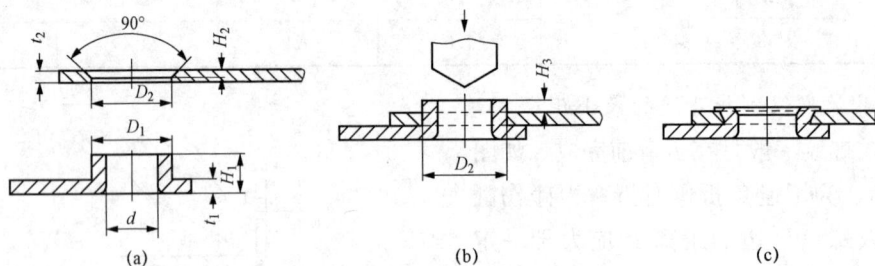

图 1-54 抽孔铆接

(a) 零件；(b) 压接前；(c) 压接后

表 1-24   抽孔铆接尺寸   (单位：mm)

t_1	H_1	翻边外径 D_1											
		3.0		3.8		4.0		4.8		5.0		6.0	
		对应直接内径 d 和预冲孔 d_0											
		d	d_0	d	d_0	d	d_0	d	d_0	d	d_0	d	d_0
0.5	1.2	2.4	1.5	3.2	2.4	3.4	2.6	4.2	3.4	—	—	—	—
0.8	2.0	2.3	0.7	3.1	1.8	3.3	2.1	4.1	2.9	4.3	3.2	—	—
1.0	2.4	—	—	—	—	3.2	1.8	4.0	2.7	4.2	2.9	5.2	4.0
1.2	2.7	—	—	—	—	3.0	1.2	3.8	2.3	4.0	2.5	5.0	3.6
1.5	3.2	—	—	—	—	2.8	1.0	3.6	1.7	3.8	2.0	4.8	3.2

注：t 为料厚，H_1 为翻边高。配合一般原则 $H_1 = t_1 + t_2 + (0.3 \sim 0.4)$，$D_2 = D_1 + 0.3$。

1.7.5 托克斯铆接

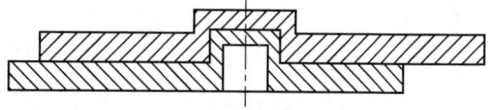

在钣金铆接方式中，还有一种铆接方式就是托克斯铆接，其原理就是两个板叠放在一起，如图1-55所示，利用模具进行冲压拉伸，主

图1-55 托克斯铆接

要用于涂层钢板或者不锈钢板的连接，它具有节省能源、环保、效率高等优点，以前电力电子行业的机箱中采用这种铆接较多，但批量生产的质量控制较为困难，现在已经应用较少，不推荐采用。

1.7.6 沉头螺钉铆接

1. 螺钉沉头孔的尺寸

螺钉沉头孔的结构尺寸按表1-25选取。对于沉头螺钉的沉头座，如果板材太薄，难以同时保证过孔 d_2 和沉孔 D，应优先保证过孔 d_2。用于沉头螺钉之沉头座及过孔，选择的板材厚度 t 最好大于 h。

表1-25　　　　　　　　　　　　螺钉沉头孔的结构尺寸　　　　　　　　　　（单位：mm）

	d_1	M2	M2.5	M3	M4	M5
	d_2	2.2	2.8	3.5	4.5	5.5
	D	4.0	5.0	6.0	8.0	9.5
	h	1.2	1.5	1.65	2.7	2.7
	优选最小板厚 t	1.2	1.5	1.5	2.0	2.0
	α	90°				

2. 沉头螺钉连接薄板的特别处理

采用M3沉头螺灯完成钣金和钣金的连接，如果开沉孔的板的厚度为1mm，按照常规的办法，是有问题的。但在实际设计中，大量遇到此类问题，如图1-56所示，下面采用涨铆螺母，沉孔的直径为6mm，可以有效完成连接，这种尺寸在盒体插箱中大量采用。特别要注意的是，这种连接方式要求下面是涨铆螺母，压铆螺母和翻孔攻螺纹不能完成紧固连接。

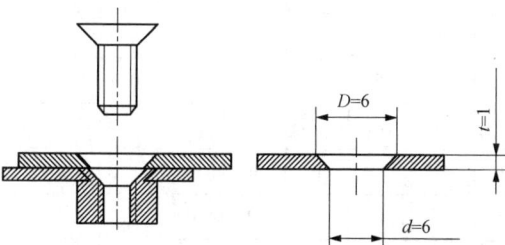

为了规范此类尺寸，d/D 应按照表1-26选取。

图1-56 薄板的沉头螺钉连接

表1-26　　　　　　　　　　　　薄板沉头孔的统一　　　　　　　　　　（单位：mm）

钢板厚度	1	1.2	1.5
M3	4/6	3.6/6	3.5/6
M4	—	—	5.8/8.8

1.8 焊 接 工 艺

焊接的方法分类方法有很多种，不同的焊接方法其焊接工艺有所不同。本章主要介绍金属的焊接性能及在变流器产品的结构设计中常用的几种焊接方法。

1.8.1 金属的可焊性

在设计金属的焊接结构时，首先要考虑要焊接金属之间的可焊性，不同金属进行焊接和相同金属进行焊接，其可焊性是不一样的。特别是重要的焊接结构，要仔细检查焊接材料之间的可焊性。

1. 不同金属材料之间焊接及其焊接性能

不同金属材料之间焊接及其焊接性能各不相同，具体见表1-27。

表1-27　　　　　　　　　　　异种金属的焊接性能

	钨	钼	铬	钛	铍	铁	镍	铜	金	银	镁	铝	锌	镉	铅	锡
钨																
钼	E															
铬	E	E														
钛	F	E	G													
铍	P	P	P	P												
铁	F	G	E	F	F											
镍	F	F	G	F	F	G										
铜	P	P	P	F	F	F	E									
金		P	F	F	F	F	E	E								
银	P	P	P	P	P	P	P	F	E							
镁	P	P	P	P	P	P	P	F	F	F						
铝	P	P	P	P	F	P	P	F	F	F	F					
锌	P	P	P	P	P	F	P	G	F	G	P	F				
镉			P	P		P	F	P	F	G	E	P	F			
铅	P	P	P	P		P	F	F	P	F				P		
锡	P	P	P	P	P	F	P	P	F	F	P	P	P	P	F	

注：E—优秀；G—良好；F—较好；P—差；空格—无数据。

2. 同种金属的焊接性能

实际上，我们遇到最多的还是同种金属之间的焊接，主要是钢与钢的焊接，以及有色金属和有色金属之间的焊接。

（1）钢与钢的可焊性。含碳量越低，钢合金中合金的含量越低，其焊接性能越好，含碳量和合金含量越大，可焊性不好，焊接时淬裂的可能性越大，钢材的焊接性能见表1-28。

表 1-28　　　　　　　　　　　　　　　　　钢材的焊接性能

钢号	可焊性			说明
	可焊等级	非铁元素含量（%）		
		合金元素总含量	含碳量	
08、10、20、25、15Mn、15Cr、20Cr、0Cr13、1Cr18Ni9、2Cr18Ni9	良好	<1	<0.25	在普通生产条件下，都能焊接，没有工艺限制，对于焊接前后热处理以及焊接的热规范没有特殊要求，焊接后变形容易矫正
		1~3	<0.2	
		>3	<0.18	
30、35、30Mn、30Cr、1Cr13、0CrMnSi	一般	<1	0.25~0.35	焊接形成裂纹的倾向小，按照合理焊接规范可以得到满意的焊接性能，焊接复杂的结构和厚板时，必须预热
		1~3	0.2~0.3	
		>3	0.15~0.3	
40、45、20Cr、40Cr、2Cr13	较差	<1	0.35~0.45	在通常情况下，焊接时，有形成裂纹的倾向，焊接前应预热，焊后要热处理。严格按照特别的焊接规范，才能获得满意的接制品
		1~3	0.3~0.4	
		>3	0.28~0.38	
50、55、60、65、70、65Mn、3Cr13、50Cr、40CrSi	很差	<1	>0.45	在通常情况下，焊接时，很容易形成裂纹的倾向，焊前应预热，焊后应热处理，严格按照特别的焊接规范，才能完成焊接
		1~3	>0.4	
		>3	>0.38	

（2）有色金属的焊接性能。有色金属的焊接，通常采用气焊和氩弧焊，并合理选择焊丝，才能到达理想的焊接性能。常用有色金属的焊接性能见表 1-29。

表 1-29　　　　　　　　　　　　　　　　　有色金属焊接性能

铜	黄铜	硅青铜磷青铜	锡青铜铝青铜	纯铝	铝镁系铝合金	锰铝系铝合金	硬铝超硬铝	高强度铝合金
一般	良好		较差	良好		一般	较差	很差

1.8.2　点焊设计

1. 接头形式

点焊是钣金结构设计中常用的焊接方式，常见的点焊接头是板材的搭接和折边接，如图 1-57 所示。

2. 点焊的典型结构

应尽可能采用具有强烈水冷的通用电极进行点焊。点焊距离工件边缘的距离不应太小，如图 1-58 所示。

3. 点焊的排列

点焊的排数在一般情况下，排成一列，在焊接要求有高强度时，允许用多行排列或交错

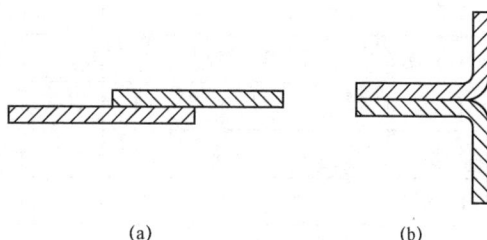

图 1-57　点焊的接头形式

(a) 搭接；(b) 折边接

(a)　　　　　　　(b)

排列，如图 1-59 所示。X 为焊点中心至最近边缘最小距离，d 为焊点直径，u 为焊点排列之间最小距离，t 为焊点之间最小距离。

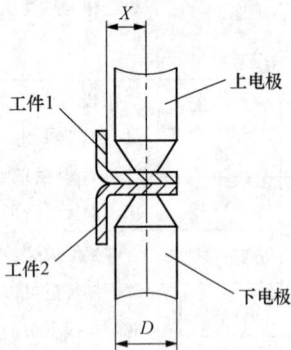

图 1-58　点焊的结构形式

X—焊点中心到折弯边的距离；D—电极的直径

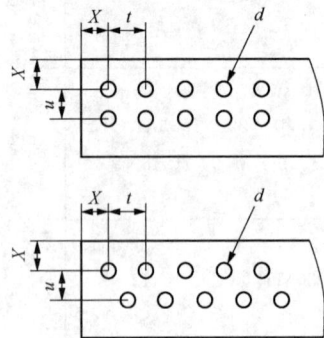

图 1-59　点焊的排列

4. 点焊直径以及焊点之间的距离

两板厚度之比在 1:3 范围内时，能成功地点焊，但焊接情况并不理想，为了焊接性能好，两板厚度之比最好采用 1:1，或者接近 1:1。表 1-30 给出了不同厚度零件点焊的焊点直径、焊点排列之间距离、焊点之间的距离等参数。

表 1-30　　　　　　　　　　　　焊点的距离以及焊点的直径　　　　　　　　（单位：mm）

零件厚度	焊点中心至最近边缘距离 X	焊点直径 d	焊点排列之间距离 u	焊点之间的距离 t
0.5+0.5	6	3～4	6～8	8
0.5+0.8	6	3～4	6～8	8
0.5+1.0	6	3～4	8～11	11
1.0+1.0	6	4～5	8～15	15
1.0+1.5	6	4～5	8～15	18
1.0+2.0	6	4～5	8～15	20
1.5+1.5	9	5～6	10～20	20
1.5+2.0	9	5～6	10～25	25
1.5+2.5	9	5～6	10～25	25
2.0+2.0	11	6～7	11～25	25
2.0+2.5	11	6～7	11～25	25
2.5+2.5	11	6～7	11～25	25

5. 铝合金板材的点焊

工业纯铝（1070A 等）、防锈铝（5A02、3A2a 等）的焊接性较好，硬铝（2A11、2A1b）的焊接性差一些。对铝合金的点焊，因其导热性好，铝合金的点最小间距一般不小于板厚的 8 倍。表 1-31 为铝合金板焊点间距及搭边宽度。

表 1-31　　铝合金点焊最小搭边宽度、焊点间距和排间距离　　（单位：mm）

板厚	焊点中心至最近边缘最小距离 X	焊点排列之间最小距离 u	焊点之间的最小距离 t
0.5	9.5	9.5	6
1.0	13	13	8
1.6	19	16	9.5
2.0	22	19	13
3.2	29	32	16

6. 点焊的定位

点焊一般采用以下三种方法定位：

（1）通过开工艺定位孔用销子定位。预先在工件 1 和工件 2 上打两个孔，焊接时用定位销来保证工件 1 与工 2 之间的相对位置 X 和 Y，如图 1-60 所示。这样的定位容易获得较高的定位精度，定位简单方便。为了规范和统一定位孔的直径，便于定位销的通用性，工艺定位孔直径 d 最好选 1.7mm 和 3.0mm。这种定位方法一般用于焊接不在整件外表的两个零件，或者尽管在外面但定位孔不影响美观的情况。

（2）开工艺定位孔上螺栓定位。这种方法的原理与定位孔用销子定位原理类似，但比较麻烦，采用较少。

（3）制作定位工装焊接。对于像机箱、机柜的前门等零件，对外观影响较大，因为造型和美观的原因，不能开定位孔，一般需要用专门的工装定位，其焊接精度取决于定位工装的精度。

7. 点焊螺母

点焊螺母（凸焊螺母）在钣金件结构设计中应用非常广泛，在电力电子产品的结构设计中，也经常用到，但是在很多设计

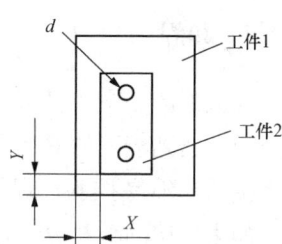

图 1-60　用销子定位

中，预置孔的大小不符合国家标准，是无法准确定位的。符合国家标准的凸焊螺母有两种，一种是焊接方螺母（GB/T 13680—1992《焊接方螺母》），定位比较粗糙，定位尺寸不准确，焊接后经常需要对螺纹回丝，但价格较低。另外一种是焊接六角螺母（GB/T 13681—1992《焊接六角螺母》），焊接时有自定位结构，如果尺寸要求较高时，推荐采用这种结构，其结构形式和尺寸如图 1-61 所示，钢板焊接前的孔径 D 与板厚 H 的推荐值见表 1-32。

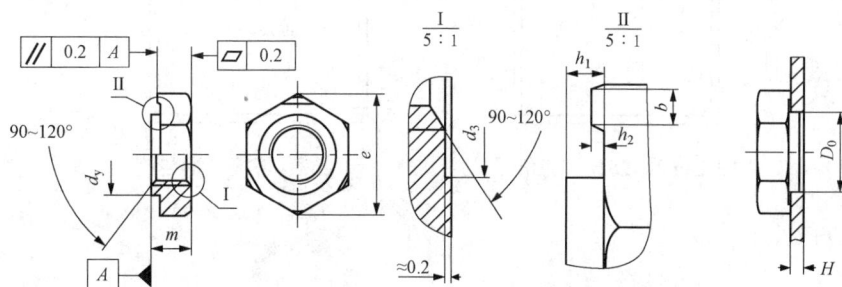

图 1-61　六角螺母与钢板焊接的结构形式和尺寸

表 1 - 32　　　　　　　**焊接六角螺母尺寸和对应钢板的开孔厚度**　　　　　　（单位：mm）

螺纹规格 (D 或 D×P)		M4	M5	M6	M8	M10	M12	M16
		—	—	—	M8×1	M10×1	M12×1.5	M16×1.5
e	min	9.83	10.95	12.02	15.38	18.74	20.91	26.51
d_y	max	5.97	6.96	7.96	10.45	12.45	14.75	18.735
	min	5.885	6.87	7.87	10.34	12.34	14.64	18.605
h_1	max	0.65	0.70	0.75	0.90	1.15	1.40	1.80
	min	0.55	0.60	0.60	0.75	0.95	1.20	1.60
h_2	max	0.35	0.40	0.40	0.50	0.65	0.80	1.0
	min	0.25	0.30	0.30	0.35	0.50	0.60	0.80
m	max	3.5	4	5	6.5	8	10	13
	min	3.2	3.7	4.7	6.14	7.64	9.64	12.3
D_0	max	6.075	10.95	12.02	15.38	18.74	20.91	26.51
	min	6	7	8	10.5	12.5	14.8	18.8
H	max	3	3.5	4	4.5	5	5	6
	min	0.75	0.9	0.9	1	1.25	1.5	2

1.8.3　角焊

变流器产品中的机箱、机柜的钣金结构设计中，经常会用到角焊，特别是机柜结构设计中，为了达到较高的框架强度和刚度，经常需要进行角焊，如图 1-62 所示。但是，这种角焊焊接质量不易控制，焊接后，外侧要打磨，效率较低，特别是焊缝较长时，焊接容易变形，如果焊接的板材较薄，板材还容易焊通，造成零件报废。所以，建议尽量不要采这种焊接结构，特别是批量很大的小盒体钣金零件，原则上，为了避免打磨、保证焊接质量和加工进度、降低成本和报废率，应该尽可能避免这种焊接。如果外观和设计上许可，尽可能采用铆接、螺装、点焊代替钣金间的角焊，如图 1-63 所示。

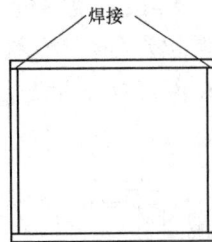

图 1-62　钣金间的角焊　　　　　图 1-63　铆接、螺装等

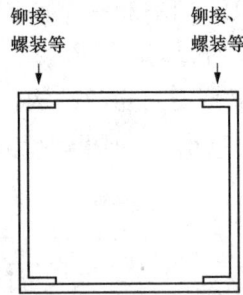

1.8.4　缝焊

缝焊是钣金焊接中特别是机柜、底座中常见的焊接方式，焊接牢固，焊接后零件刚度好，如图 1-64 所示。但是，缝焊一般都需要打磨。同上面所述的角焊的情况一样，为了避免打磨，原则上，在批量很大的小盒体机箱或类似的产品中，应该尽量避免采用。

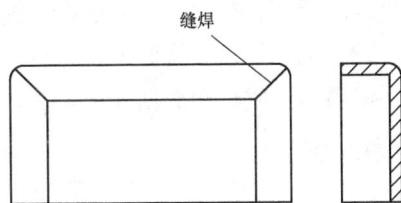

图 1-64　缝焊

1.8.5　焊接方法

在电力电子产品中，主要有三种焊接方法，氩弧焊、电阻焊和储能焊。

1. 氩弧焊

氩弧焊是使用氩气作为保护气体的一种焊接技术，又称氩气体保护焊，就是在电弧焊的周围通上氩气保护气体，将空气隔离在焊区之外，防止焊区的氧化。

（1）焊接工艺流程：检查设备安全性→保持焊接场所的通风性→穿戴焊接护具→焊接参数调整→焊接操作→焊接完成。

氩弧焊设备按照需要焊接的产品材料及尺寸按表 1-33 和表 1-34 调整焊接参数。

表 1-33　　普通低碳钢焊接参数

材料厚度 /mm	基值电流调节/A	填充焊丝规格/mm	钨极直径 /mm	喷嘴直径 /mm	气体流量 Ar/(l/min)
0.6~0.8	35~60	ϕ1.2	ϕ1.6	ϕ8	4~6
1.0~1.5	35~75	ϕ1.6	ϕ1.6	ϕ10	4~6
1.5~2.0	40~90	ϕ1.6	ϕ1.6	ϕ14	4~7
2.0~3.0	60~100	ϕ1.6	ϕ2.4	ϕ14	4~7
3.0~4.0	80~120	ϕ1.6	ϕ2.4	ϕ16	4~7
4.0~5.0	80~140	ϕ1.6	ϕ2.4	ϕ16	5~8

表 1-34　　不锈钢焊接参数

材料厚度 /mm	基值电流调节/A	填充焊丝规格/mm	钨极直径 /mm	喷嘴直径 /mm	气体流量 Ar/(l/min)
0.6~0.8	35~60	ϕ1.2	ϕ1.6	ϕ8	4~5
1.0~1.5	35~75	ϕ1.6	ϕ1.6	ϕ10	4~6
1.5~2.0	40~90	ϕ1.6	ϕ1.6	ϕ14	4~6
2.0~3.0	60~110	ϕ1.6	ϕ2.4	ϕ14	4~7
3.0~4.0	80~120	ϕ1.6	ϕ2.4	ϕ16	5~7
4.0~5.0	80~150	ϕ1.6	ϕ2.4	ϕ16	6~8

（2）焊接注意事项。

1）电缆要尽可能的短，避免使用不必要的延长电缆。

2）使用延长电缆的时候，将母材侧电缆与焊炬侧的电缆捆扎起来，包上绝缘带。要尽量将电缆伸直。在无法向上述将电缆伸直时，要将焊炬侧电缆沿母材走行。

（3）氩弧焊接质量标准。

氩弧焊接质量标准见表1-35。

表1-35 氩弧焊接质量标准

序号	内容	要求
1	焊缝成形	焊缝过度圆滑、匀直，接头良好
2	焊缝余高	小于3mm，表面凹陷深度≤0.2，长度＜10mm
3	焊缝宽窄差	≤2mm
4	错边量	外壁≤0.1δ（δ为焊接件厚度），内壁错边量≤0.2mm
5	咬边	深度≤0.5mm，连续长度＜10mm
6	裂纹	无
7	未熔合	无
8	弧坑	无
9	气孔	无
10	夹渣	无
11	飞溅	无

2. 电阻焊

电阻焊是工件组合后通过电极施加压力，利用电流通过接头的接触面及邻近区域产生的电阻热进行焊接的方法。

（1）焊接工艺流程：检查设备安全性→穿戴焊接护具→电阻焊参数设定→焊接操作→焊接完成。

电阻焊电极尺寸及焊接参数见表1-36。

表1-36 电阻焊电极尺寸及焊接参数

板厚 /mm	焊接参数				
	电极尺寸/mm		焊接时间 /s	电极压力 （K_n）	焊接电流 （K_a）
	最大 D	最小 d			
0.6	4.8	10	6	1.5	6.6
0.8	4.8	10	7	1.9	7.8
1.0	6.4	13	8	2.3	8.8
1.2	6.4	13	10	2.7	9.8
1.6	6.4	13	13	3.6	11.5

续表

板厚 /mm	焊接参数				
	电极尺寸/mm		焊接时间 /s	电极压力 (K_n)	焊接电流 (K_a)
	最大 D	最小 d			
1.8	8.0	16	15	4.1	12.5
2.0	8.0	16	17	4.7	13.3
2.3	8.0	16	20	5.8	15.0
3.2	9.5	16	27	8.2	17.4

（2）焊接注意事项。

1）表1-36中规定的板厚指两层板焊接时较薄焊件厚度，多层板焊接时焊件总厚度的1/2。

2）按照表1-36中规定的参数规范进行设置，生产现场可根据实际情况，对焊接规范进行调整，调整量为±10%。

3）对于不同厚度的板件点焊时，规范参数可先按薄件选取，再按总厚度的1/2通过试片试焊修正，通常选用大电流、短通电时间，来改善熔核的偏移。

4）多层板焊接，按外层较薄零件厚度选取焊接参数，再按总厚度的1/2通过试片进行修正。当一台焊机既焊双层板又焊三层板时，首先按双层板参数为基准，然后通过试片验证修正参数，达到既满足双层板焊接又满足三层板焊接的要求。

5）对于镀锌板等防锈板的焊接，焊接电流应增大20%～40%；对于高强度板的焊接，随着其强度的增加，焊接压力应增大10%～30%，焊接电流延长2CY。

6）电极压力与气压及焊钳结构等有关，表1-36中电极压力可供焊钳选型和参数设置时参考。电极压力由压力计进行测得，通过改变限压阀的输出气压值改变电极压力的输出值（电极压力值可由焊接压力值和气压值用正比关系求得）。

（3）电阻焊焊点质量标准。一个焊点其熔核尺寸应该大于或等于表1-37相应数值才是可接受的，实际尺寸小于规定值则被判定为不合格。双层板焊接的最小熔核尺寸按照较薄板的规定，三层或三成以上板厚的尺寸按照次薄板确定最小熔核尺寸。

表1-37　　　　　　　　　　焊点熔核尺寸　　　　　　　　　　（单位：mm）

序号	板厚	熔核直径	序号	板厚	熔核直径
1	0.6	4.7	5	1.6	6.9
2	0.8	5.3	6	1.8	7.4
3	1.0	5.8	7	2.0	7.9
4	1.2	6.2	8	2.3	8.6

3. 储能焊

储能焊是利用把电荷储存在一定容量的电容里，使焊炬通过焊材与工件瞬间以每秒2～3

次的高频率脉冲放电，从而使焊材与工件在瞬间接触点部位达到冶金结合的一种焊接技术。

（1）焊接工艺流程：接通电源→穿戴焊接护具→焊接参数调整→选用焊接零件→连接地线→选用、调节、安装螺柱夹头→安装焊接螺柱→焊接。

储能焊的充电电压工艺参数见表 1-38，其适用于目前常加工的螺柱零件，具体的参数应根据试焊的效果确定，原则上先保证零件的焊接强度，然后兼顾零件正面无加工痕迹。目前常用的普通焊接螺钉型号有 M5×12（外圆 ϕ5mm）、M6×15（外圆 ϕ6mm），焊接螺母型号有 M5×14（外径 ϕ8mm）、M6×16（外径 ϕ8mm）。

表 1-38   储能焊充电电压工艺参数

螺柱外径	充电电压		
	螺柱材料		
	低碳钢	不锈钢	铝及铝合金
3mm	60～70V	55～65V	50～60V
4mm	80～90V	80～90V	80～90V
5mm	100～110V	100～110V	100～110V
6mm	125～135V	125～135V	125～135V
7mm	125～160V	125～160V	—
8mm	125～160V	125～160V	—

焊枪在焊接过程中靠弹簧弹力将螺柱压入焊接熔池。通过转动弹力调节旋钮，可以调节弹力。

（2）储能焊质量标准。储能焊质量标准见表 1-39。

表 1-39   储能焊质量标准

序号	检验项目	检验标准			检验工具或方法
		档次	零件		
			接地螺钉	安装螺钉、螺母柱	
1	位置尺寸要求	高档	实际孔距与图纸要求误差≤5mm	焊接螺件中心距误差≤0.3mm	≤300mm 用卡尺 >300mm 用盒尺
		中档	实际孔距与图纸要求误差≤5mm	焊接螺件中心距误差≤0.5mm	≤300mm 用卡尺 >300mm 用盒尺
		低档	实际孔距与图纸要求误差≤5mm	焊接螺件中心距误差≤0.7mm	≤300mm 用卡尺 >300mm 用盒尺

续表

序号	检验项目	检验标准			检验工具或方法
		档次	零件		
			接地螺钉	安装螺钉、螺母柱	
		检验标准	图示		检验工具或方法
2	外观及形状要求	接地、安装螺钉及螺柱焊接后，必须保证其与零件表面的垂直度。检查时，用直角尺靠齐目测两者之间没有角缝或缝隙均匀方为合格	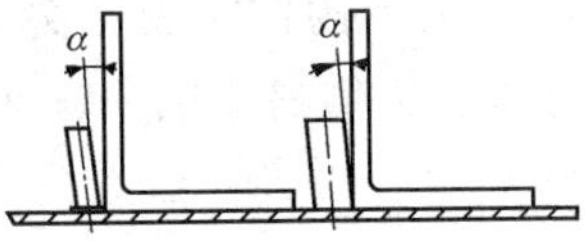 不合格 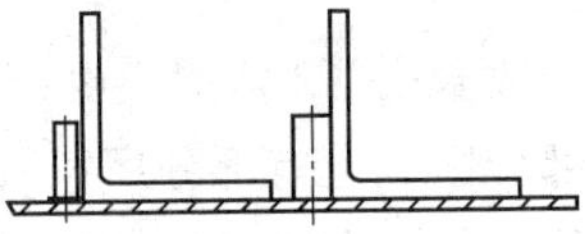 合格		直角尺目测
3	强度要求	首件焊完后，焊工要进行首件自检，检查时，依据检验指导书中螺纹连接拧紧力矩检验方法，即按检验表中力矩值调整好手动扭力批的力矩参数，然后用手动扭力批拧预紧后的螺钉或螺母，听到咔嚓声后，如螺钉（母）已被转动，则为不良，如螺钉没有被转动，则为合格			手动扭力批
4	螺纹要求	不允许出现焊接螺钉/螺母的螺纹毁坏现象			目测

第2章 结构件设计工艺

在变流器产品中，常用结构件主要指金属母线、铝型材、散热器、铝压铸件、塑料件等。本章主要介绍硬母线、铝型材、铝压铸件的设计工艺，以及塑料件设计工艺。

2.1 硬母线设计工艺

电力电子产品中一般采用 T2 紫铜或电缆作为主回路电流传输的主要材料，近年来为了降低成本，在主回路部分区域也有部分厂家采用铜包铝和铝排材料，铜包铝和铝排的应用还需要现场设备运行的检验。本章所介绍的母线设计为硬母线设计。

2.1.1 硬母线的性能

母线的作用是汇流、分配和传送电能。在电力电子产品正常运行过程中，母线有巨大的电功率通过，承受着很大的发热和电动力效应，因此，必须经过计算分析，合理地选择铜排的截面形状和截面积，以满足母线温升要求，符合安全经济运行的要求。

硬母线一般截面形状为圆角形，如图 2-1 所示。母线铜排材质默认为 T2 紫铜，母线铝排材质默认为纯铝的 1 系列。

图 2-1 中，a 为厚度即窄边尺寸，mm；b 为宽度即宽边尺寸，mm；r 为圆角或圆边半径，mm。

硬母线常用性能见表 2-1。

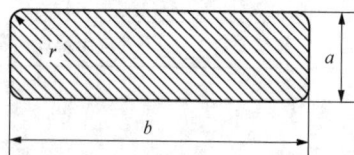

图 2-1 硬母线截面形状

表 2-1　　　　　　　　　　　　硬母线性能

材质	硬铜	硬铝
密度/（g/cm²）	8.9	2.7
抗拉强度/MPa	厚度 $a \leqslant 1.25$mm，>300 厚度 a 在 1.35~3.28mm，>270 厚度 a 在 3.5~7mm，>260 厚度 $a \geqslant 7$mm，>250	<120
20℃时电阻率/（Ω·mm²/m）	1.72×10^{-2}	2.95×10^{-2}
熔点/℃	1083	658
每 1℃温度电阻系数	3.82×10^{-3}	3.6×10^{-3}
伸长率（%）	6	3
轧制截面误差（%）	<1	<3

2.1.2 硬母线的选型

TMY 型铜硬母线常用规格见表 2-2，LMY 型铝硬母线常用规格见表 2-3。

表 2-2 **TMY 型铜硬母线常用规格**

型号规格宽×厚 / (mm×mm)	计算质量 / (kg/m)	型号规格宽×厚 / (mm×mm)	计算质量 / (kg/m)
30×4	1.07	60×6	3.19
30×5	1.33	60×8	4.26
30×6	1.59	80×8	5.68
40×4	1.42	80×10	7.10
40×5	1.78	100×8	7.10
40×6	2.13	100×10	8.88
50×5	2.22	120×8	8.53
50×6	2.66	120×10	10.66

表 2-3 **LMY 型铝硬母线常用规格**

型号规格宽×厚 / (mm×mm)	计算质量 / (kg/m)	型号规格宽×厚 / (mm×mm)	计算质量 / (kg/m)
20×3	0.16	60×6	0.97
20×4	0.22	80×6	1.30
30×3	0.24	80×8	1.73
30×4	0.32	80×10	2.16
40×4	0.43	100×6	1.62
40×5	0.54	100×8	2.16
50×6	0.68	100×10	2.70
50×6	0.81	120×8	2.59
60×5	0.81	120×10	3.24

工程师需要根据产品的使用环境温度、运行要求，额定电压，允许的温升，来进行母线尺寸的选型。常用尺寸规格的矩形母线每极单片在温度为 70℃时的载流量见表 2-4。

表 2-4 **常用母线在温度为 70℃时的载流量（环境温度 25℃）**

| 尺寸 宽×厚 / (mm×mm) | 铝母线载流量/A | | | | | | 铜母线载流量/A | | | | | |
| | 交流 | | | 直流 | | | 交流 | | | 直流 | | |
	25℃	30℃	35℃	25℃	30℃	35℃	25℃	30℃	35℃	25℃	30℃	35℃
15×3	165	155	145	165	155	145	210	198	185	210	198	185
20×3	215	202	189	215	202	189	275	258	242	275	258	242

尺寸 宽×厚 /(mm×mm)	铝母线载流量/A						铜母线载流量/A					
	交流			直流			交流			直流		
	25℃	30℃	35℃	25℃	30℃	35℃	25℃	30℃	35℃	25℃	30℃	35℃
25×3	265	249	233	265	249	233	340	320	299	340	320	299
30×4	365	343	321	370	348	326	475	447	418	475	447	418
40×4	480	451	422	480	451	422	625	587	550	625	587	550
40×5	540	507	475	545	512	479	700	658	616	705	662	620
50×5	665	625	585	670	630	590	860	808	757	870	817	765
50×6	740	695	651	745	700	656	955	897	840	960	902	845
60×6	870	817	765	880	827	774	1125	1060	990	1145	1075	1010
80×6	1150	1080	1010	1170	1110	1030	1480	1390	1350	1510	1420	1330
100×6	1425	1340	1255	1455	1370	1280	1810	1700	1590	1875	1760	1650
60×8	1025	965	902	1040	977	915	1320	1240	1160	1345	1265	1185
80×8	1320	1240	1160	1355	1274	1193	1690	1590	1490	1755	1650	1545
100×8	1625	1530	1430	1690	1590	1488	2080	1955	1830	2180	2050	1920
120×8	1900	1785	1670	2040	1920	1795	2400	2255	2110	2600	2440	2290
60×10	1155	1085	1015	1180	1110	1040	1475	1386	1300	1525	1433	1342
80×10	1480	1390	1305	1540	1450	1355	1900	1785	1670	1990	1870	1750
100×10	1820	1710	1600	1910	1800	1680	2310	2170	2030	2170	2320	2170
120×10	2070	1950	1820	2300	2160	2025	2650	2490	2330	2950	2770	2600

常用尺寸规格矩形截面母线每极 2～4 片在温度为 70℃ 时的载流量见表 2-5。矩形截面母线不同温度下安全载流量校正系数见表 2-6。

表 2-5　　矩形截面母线每极 2～4 片在温度为 70℃ 时的载流量 (环境温度 25℃)

尺寸 宽×厚 /(mm×mm)	铝母线载流量/A						铜母线载流量/A					
	交流			直流			交流			直流		
	2片	3片	4片	2片	3片	4片	2片	3片	4片	2片	3片	4片
60×6	1350	1720	—	1555	1940	—	1740	2240	—	1990	2495	—
80×6	1630	2100	—	2055	2460	—	2110	2720	—	2630	3220	—
100×6	1935	2500	—	2515	3040	—	2470	3170	—	3245	3940	—
60×8	1680	2180	—	1840	2330	—	2160	2790	—	2485	3020	—
80×8	2040	2620	—	2400	2975	—	2620	3370	—	3095	3850	—
100×8	2390	3050	—	2945	3620	—	3060	3930	—	3810	4690	—
120×8	2650	3380	—	3350	4250	—	3400	4340	—	4400	5600	—
60×10	2010	2650	—	2110	2720	—	2560	3300	—	2725	3530	—
80×10	2410	3100	—	2735	3400	—	3100	3990	—	3510	4450	—
100×10	2860	3650	4150	3350	4160	5650	3610	4650	5300	4325	5385	7250
120×10	3200	4100	4650	3900	4860	6500	4100	5200	5900	5000	6250	8350

表 2-6 矩形截面母线不同温度下安全载流量校正系数

周围空气温度/℃	5	10	15	20	25	30	35	40	45	50	55
校正系数	1.36	1.31	1.25	1.20	1.13	1.07	1.00	0.93	0.85	0.76	0.66

2.1.3 硬母线的加工

母线加工前应对母线材料进行检查，母线表面应光洁，不应有裂纹、折皱、夹杂物及变形和扭曲现象。

硬母线加工工序主要包括矫正母线、测量划线切割下料、弯曲和接触面加工等工序。

母线矫正方法有手工和机械矫正。手工矫正是将母线放在平台上或平直的型钢等垫块上，采用敲打方式将母线锤平，敲打时用力要适当，以防止母线变形。截面较大的母线应采用母线矫正机进行矫正，也就是利用丝杠顶压顶板的方式将母线矫正。

母线应按现场直接量出的母线实际安装尺寸下料，小截面的母线可用钢锯切割，大截面母线可使用电动圆齿锯切割，也可以上机床切割。切口上的毛刺应用刀去掉。

矩形母线的弯曲有平弯、立弯和扭弯三种方式，矩形硬母线的立弯与平弯如图 2-2 所示，其中 L 为母线两支点之间的距离。矩形母线宜采用冷弯。如采取热弯方式时，应注意加热温度不应超过以下规定值：铜为 350℃，铝为 250℃。

母排平弯时一般采用平弯机弯曲，当母线弯曲到一定程度后，应及时用样模进行比较校核，以使母线达到合适的弯度。母排立弯时一般采用立弯机弯曲，母线弯曲处不应

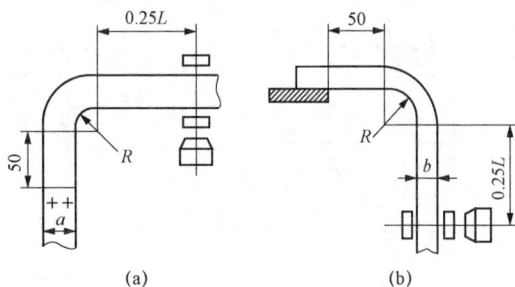

图 2-2 矩形硬母线的立弯与平弯
(a) 立弯；(b) 平弯

有裂纹及显著的折皱，矩形母线最小允许弯曲半径详见表 2-7。在变流器产品中，立弯几乎没有，最常用的是平弯母线。

表 2-7 矩形母线最小弯曲半径 R

弯曲方式	母线断面尺寸/mm	最小弯曲半径/mm	
		铜	铝
平弯	50×5 及其以下	2b	2b
	125×10 及其以下	2b	2.5b
立弯	50×5 及其以下	1a	1.5a
	125×10 及其以下	1.5a	2a

注：a 为母线的宽度，b 为母线的厚度。

在电力电子产品中，母线拧弯加工极为少见，在设计中尽量不采用。母排拧麻花弯一般

采用扭弯器，母线扭转90°时，扭转部分的长度不应小于母线宽度的2.5倍，如图2-3所示。

2.1.4 硬母线的连接

母排与电气设备连接、母排间的螺栓连接需钻孔的孔眼直径应大于连接螺栓直径1mm，孔眼应垂直，并去掉孔眼毛刺。孔眼位置及孔径大小应根据母线的尺寸和连接要求而定。孔眼间相互距离的误差应小于0.5mm。

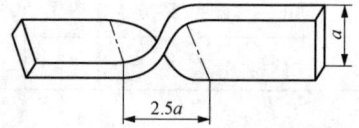

图2-3 矩形硬母线的拧弯

变流器产品中硬母线一般采用螺栓搭接式连接。矩形母线搭接的推荐几何尺寸见表2-8。

表2-8 矩形母线搭接的推荐几何尺寸

塔接形式	类别	序号	连接尺寸/mm			钻孔要求		螺栓规格
			b_1	b_2	a	ϕ/mm	个数/个	
	直线连接	1	125	125	b_1 或 b_2	21	4	M20
		2	100	100	b_1 或 b_2	17	4	M16
		3	80	80	b_1 或 b_2	13	4	M12
		4	63	63	b_1 或 b_2	11	4	M10
		5	50	50	b_1 或 b_2	9	4	M8
		6	45	45	b_1 或 b_2	9	4	M8
	垂直连接	7	125	125	—	21	4	M20
		8	125	100～80	—	17	4	M16
		9	125	63	—	13	4	M12
		10	100	100～80	—	17	4	M16
		11	80	80～63	—	13	4	M12
		12	63	63～50	—	11	4	M10
		13	50	50	—	9	4	M8
		14	45	45	—	9	4	M8

母排通常采用绝缘子或其他绝缘材料固定，同一段母线应在同一水平面上。额定电压0.4kV系统中母线支持点距离应不大于900mm，若支持点距离大于900mm且无法加设支持点时，应加设母线绝缘夹板；3～10kV系统中母排支持点距离不应大于1200mm。

2.1.5 硬母线的表面处理

变流器产品中的硬母线表面处理主要有三种方式，即钝化、镀镍和镀锡。

钝化工艺采用钝化液进行钝化处理。母线经钝化液化学处理后，在表面形成无色、光亮的钝化膜，钝化膜将母线基体和空气隔离，起到一定的防腐蚀作用。钝化处理的母线的导电性能明显优于镀锡、镀镍铜排。

镀镍处理是指通过电解或化学方法在母线基体镀上一层镍的方法，称为镀镍。镀镍分电镀镍和化学镀镍。

电镀镍是在由镍盐（称主盐）、导电盐、pH 缓冲剂、润湿剂组成的电解液中，阳极用金属镍，阴极为镀件，通以直流电，在阴极（镀件）上沉积上一层均匀、致密的镍镀层。从加有光亮剂的镀液中获得的是亮镍，而在没有加入光亮剂的电解液中获得的是暗镍。

化学镀镍一般以硫酸镍、乙酸镍等为主盐，次亚磷酸盐、硼氢化钠、硼烷、肼等为还原剂，再添加各种助剂。在 90℃的酸性溶液或接近常温的中性溶液、碱性溶液中进行作业。以使用还原剂的不同分为化学镀镍﹣磷、化学镀镍﹣硼两大类。

镀锡处理与镀镍流程类似。依据《电工电子产品环境试验 第 2 部分：试验方法 试验 Ka：盐雾》（GB/T 2423.17—2008）试验验证，镀镍厚度不小于 $10\mu m$ 情况下，耐中性盐雾可达到 120h；镀锡厚度不小于 $10\mu m$ 情况下，耐中性盐雾可达到 96h；钝化工艺耐中性盐雾可达到 48h，三者防腐性能镀镍最佳，钝化最差。

2.1.6 母线的颜色标志和相序排列

变流器主回路母线的颜色标志见表 2-9。母线相序的排列见表 2-10。

表 2-9　　　　　　　　　　　　　　　主回路母线的颜色标志

主回路	类别	颜色标志
三相交流	第 1 相（A 相）	黄色
	第 2 相（B 相）	绿色
	第 3 相（C 相）	红色
	中性线	淡蓝色
	接地中性线	黄/绿双色（每种色宽为 15~100mm，交替标注）
直流	正极（＋）	棕色
	负极（－）	蓝色
	中线	淡蓝色

表 2-10　　　　　　　　　　　　　　　　母线的相序

类别		垂直排列	水平排列	前后排列
三相交流	A 相	上方	左方	远方
	B 相	中方	中方	中间
	C 相	下方	右方	近方
直流	正极	上方	左方	远方
	负极	下方	右方	近方
中线或中性接地线		最下方	最右方	最近方

2.2 铝型材设计工艺

2.2.1 型材挤压加工的基本常识

铝型材是通过把加热到一定温度的铝坯锭放在挤压机的挤压筒中，挤压机的压力通过挤压杆、垫片作用在坯锭上，迫使金属流出挤压模，从而获得所需形状、尺寸、性能的制品。

1. 铝型材的生产工艺流程

铝型材成形加工中的主要工序是挤压，其他工序与供货状态有关，铝型材零件生产流程如图 2-4 所示。

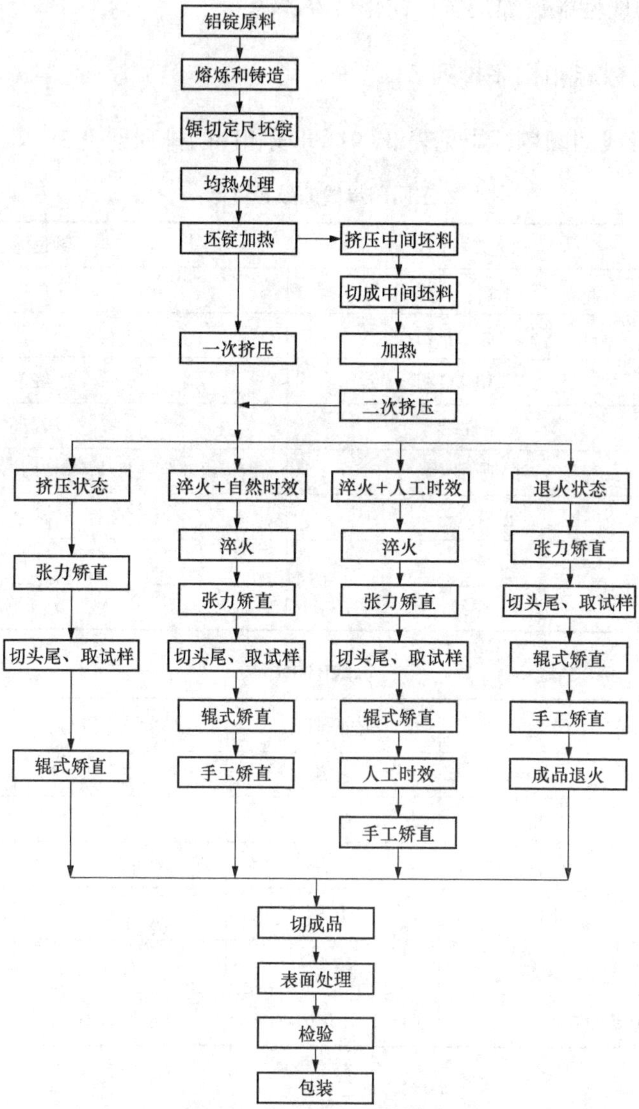

图 2-4 铝型材零件生产流程

2. 常见型材挤压方法

按照挤压型材分类，可分为实心型材挤压和空心型材挤压等。

按照坯料相对挤压筒的移动特点分类，可分为正挤压和反挤压等。

(1) 实心型材挤压。实心型材挤压采用两种基本方法，即金属正向流动的挤压、金属反向流动的挤压，如图 2-5 和图 2-6 所示。

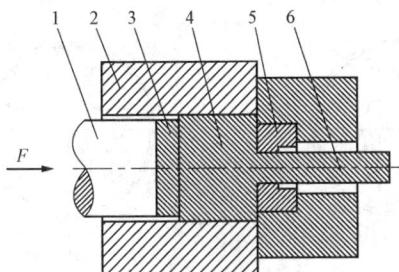

图 2-5　实心型材正向挤压

1—挤压杆；2—挤压筒；3—挤压垫；

4—坯锭；5—挤压模；6—制成品

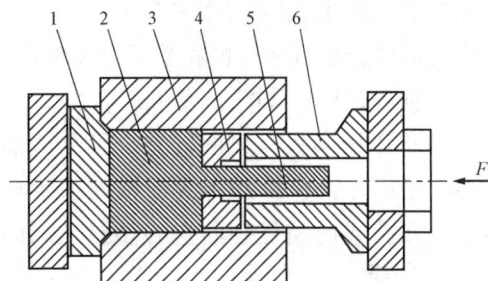

图 2-6　实心型材反向挤压

1—堵头；2—坯锭；3—挤压筒；

4—挤压模；5—制成品；6—挤压杆

(2) 空心型材挤压。根据空心型材的外形、孔的数目、尺寸形状孔对型材断面中心位置的非对称分布程度等，空心型材挤压常采用两种基本方法：

1) 挤压针管材挤压法。可对空心或实心坯进行挤压，当采用实心坯锭时，在挤压之前先进行穿孔。这种方法挤压的空心型材没有接缝，一般用于形状简单、内孔直径较大的异形断面管材，如图 2-7 所示。

2) 组合模焊合挤压。挤压时采用实心坯锭，组合针和模子是一个整体或装成一个刚性结构。坯料 4 放入挤压筒 2 中，在挤压杆 1 通过挤压垫片 3 所传递的力的作用下，坯料金属在高压作用下被模子 5 分成两股或两股以上的金属流，在模子的焊合室内被重新焊合。最终在模孔和组合针的缝数之数目等于被分开的金属流股数，如图 2-8 所示。

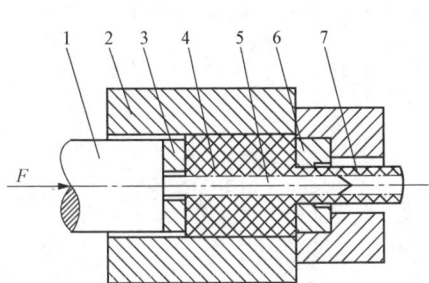

图 2-7　无缝管材正向挤压

1—挤压杆；2—挤压筒；3—挤压垫；4—坯锭；

5—挤压针；6—挤压模；7—制成品

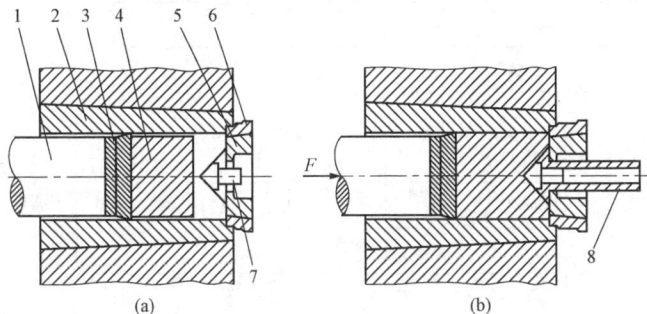

(a)　　　　(b)

图 2-8　组合模焊合挤压

(a) 坯料开始填充挤压；(b) 挤压过程

1—挤压杆；2—挤压筒；3—挤压垫；4—坯锭；

5—模子；6—模套；7—组合针；8—制成品

3. 空心型材挤压模具简单介绍

如上节所述空心型材有两种挤压方式，这里介绍后一种组合模，组合模是将模心置于模孔中与模子组合成一个整体，模孔的形状和尺寸决定了型材的外形和尺寸，而模芯的形状和尺寸则决定着型材内孔的形状和尺寸。

常见的组合模有舌形模和平面分流模等。舌形模又称桥式模，如图 2-9（a）所示。主要缺点是挤压压余大，强度较差，且制造加工困难。平面分流模可用于舌形模无法生产的双孔、多孔或内腔复杂的空心型材，如图 2-9（b）所示。

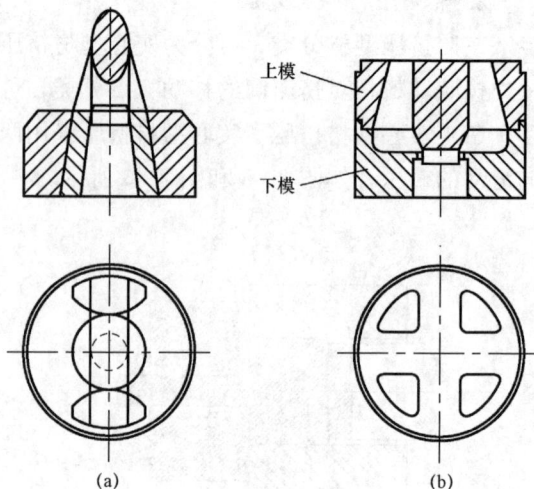

图 2-9　空心型材模具
（a）舌形模；（b）平面分流模

2.2.2　国家标准对铝型材料的规定

1. 型材的牌号、状态及尺寸规格

根据《一般工业用铝及铝合金挤压型材》（GB/T 6892—2023），型材的牌号、状态及尺寸规格见表 2-11。

表 2-11　　　　　　　　　　　　　　　　型材的牌号、状态及尺寸规格

牌号	状态	尺寸规格/mm	
		截面尺寸	长度
1060	O、H112		
1350	H112		
2014	T6		
2024	T3		
2A11	T4		
2A12	O、T4		
3003	H112		
3103	H112		
3A21	O、H112	符合供需双方商定的图样要求	1000～14000
5052	O、H112		
5083	H112		
5383	H112		
5A02	H112		
5A05	O、H112		
5A06	O、H112		
6101B	T6		

续表

牌号	状态	尺寸规格/mm	
		截面尺寸	长度
6005	T4、T5、T6		
6005A	T5、T6		
6105	T5		
6106	T6		
6013	T6		
6351	T6		
6060	T4、T5、T6、T66		
6061	T4、T5、T6		
6063	T4、T5、T6、T66		
6063A	T5、T6		
6463	T4、T5、T6	符合供需双方	1000～14000
6082	T4、T5、T6	商定的图样要求	
6A02	T6		
6A66	T5、T6		
7003	T6		
7005	T5、T6		
7020	T6		
7022	T6、T6511		
7075	T6、T6510、T6511、T73、T73510、T73511		
7A04	T6		
7A21	T5		
7A41	T6		

注：需方需求其他合金或状态时由供需双方协商确定。

6063 是镁系列铝合金，具有良好的可挤压性，可以挤压各种截面复杂的型材，中等强度可以满足各种机械加工的技术要求；适宜的物理特性，内部组织致密，具有良好的导电、导热性能，较好的耐蚀性及接受阳极氧化的良好能力。主要用于插箱横梁、小面板、散热器、把手和导轨等。

6005 也是镁系列铝合金，强度和硬度高于 6063，适宜的物理特性，内部组织致密，具有良好的导电，导热性能，较好的耐蚀性及接受阳极氧化的良好能力。6005 主要用于 6063 无法满足强度和硬度要求的场合，如插箱横梁，可减轻扳手啃咬型材现象，但 6005 型材加工的成形非常困难，一般的型材厂家不能加工，且尺寸精度不易控制。

2. 变形铝及铝合金状态代号

根据《变形铝及铝合金产品状态代号》（GB/T 16475—2023），变形铝及铝合金的基础状态代号、名称及说明与应用见表 2-12。

表 2-12 变形铝及铝合金的基础状态代号、名称及说明与应用

代号	名称	说明与应用
F	自由加工状态	适用于在成形过程中，对于加工硬化和热处理条件无特殊要求的产品，该状态产品对力学性能不作规定
O	退火状态	适用于经完全退火后获得最低强度的产品状态
H	加工硬化状态	适用于通过加工硬化提高强度的产品
W	固溶热处理状态	适用于经固溶热处理后，在室温下自然时效的一种不稳定状态。该状态不作为产品交货状态，仅表示产品处于自然时效阶段
T	热处理（不同于 F、O 或 H 状态的热处理状态）	适用于固溶热处理后，经过（或不经过）加工硬化达到稳定的状态

2.2.3 铝型材零件的加工及表面处理

1. 铝合金型材零件的加工

（1）铝合金型材零件的加工精度。一般情况下，铝合金型材零件根据《铝及铝合金挤压型材尺寸偏差》（GB/T 14846—2014）中的高精度要求加工，有特殊要求的可按超高精度要求进行加工。

（2）铝合金型材零件的表面粗糙度。型材表面（氧化处理前表面）粗糙度，一般情况下，装饰面表面粗糙度 Ra 取 $0.8\mu m$，非装饰面表面粗糙度 Ra 取 $1.6\mu m$。

（3）铝合金型材零件的切削加工。根据铝合金型材的形状，型材后续一般进行铣削、车削加工和钻削加工。对于一些面板、横梁型材上方孔和异形孔，需要进行模具冲压加工（批量大时）或线切割加工。型材切削面的粗糙度应根据设计需要一般 Ra 取 $6.3\mu m$ 或 $3.2\mu m$。

2. 铝合金型材零件的表面处理

（1）铝合金型材零件的表面化学处理。根据设计需求，铝合金型材零件的表面化学处理可分为阳极氧化和导电氧化。阳极氧化是将铝及其合金置于相应电解液（如硫酸、铬酸、草酸等）中作为阳极，在特定条件和外加电流作用下进行电解，表面上形成氧化铝薄层，其厚度为 $5\sim20\mu m$，硬质阳极氧化膜可达 $60\sim200\mu m$，抗腐蚀性优良，是铝合金制品最常用表面处理方法。

化学导电氧化从色泽上分，有银白色导电氧化和彩色导电氧化。氧化膜无色透明，膜层厚度较薄约为 $0.3\sim0.5\mu m$，导电性良好，主要用于要求有一定导电性的零件，以及不适于阳极氧化的较大部件或组合件。

（2）铝合金型材零件的非喷涂表面处理。对于铝合金型材零件的非喷涂表面，在加工和搬运途中产生的磕碰划伤等，为了掩饰这些轻微的划伤，根据需要对铝合金型材表面进行喷

砂处理。喷砂按纹理粗细分为两种，在电力电子行业，一般选用细纹。

2.3 压 铸 工 艺

2.3.1 压铸工艺成形原理及特点

压铸，即压力铸造，是将液态金属或半液态金属在高压作用下，以高速度填充到压铸模的型腔中，并在压力下快速凝固而获得铸件的一种方法。在电力电子产品中，主要有锌合金压铸件、锌铝合金压铸件等。本章节只讨论锌铝合金压铸件。

压铸时常用压力是从几兆帕至几十兆帕，填充起始速度为 0.5～70 m/s；压铸时的熔料温度，铝合金一般是 610～670℃，锌合金一般是 400～450℃，模具温度一般为合金温度的 1/3。

2.3.2 压铸件的设计要求

1. 压铸件形状结构的设计要求

合理的压铸件结构不仅能简化压铸模具的结构，降低制造成本，而且能改善压铸件的质量。

形状结构设计应注意如下要求：

（1）避免内部孔或盲孔结构。

（2）避免或减少垂直于分型面的孔或外部盲孔结构。

2. 压铸件壁厚的设计要求

压铸件壁厚度（通常称壁厚）是压铸工艺中的关键因素，如熔料填充时间的计算、凝固时间的计算、模具温度梯度的分析、压力（最终比压）的作用、留模时间的长短、压铸件顶出温度的高低及操作效率等，都与壁厚有着直接的联系。

壁厚设计应注意如下要求：

（1）压铸件壁厚偏厚会使压铸件的力学性能明显下降，薄壁压铸件致密性好，相对提高了铸件强度及耐压性。

（2）压铸件壁厚不能太薄，太薄会造成铝合金熔液填充不良，成形困难，使铝合金熔液熔接不好，并给压铸工艺带来困难。

（3）压铸件随壁厚的增加，其内部气孔、缩孔等缺陷也随之增加。

（4）应尽量保持壁厚截面的厚薄均匀一致。

根据压铸件的表面积大小划分，锌铝合金压铸件的合理壁厚见表 2-13。

表 2-13　　　　　　　　　　锌铝合金压铸件的合理壁厚

压铸件表面积 h/cm^2	壁厚 t/mm	压铸件表面积 h/cm^2	壁厚 t/mm
$h \leqslant 25$	1.0～3.0	$100 < h \leqslant 400$	2.5～5.0
$25 < h \leqslant 100$	1.5～4.5	$h > 400$	3.5～6.0

3. 压铸件的加强筋/肋设计要求

加强筋/肋的作用是增加压铸件的强度和刚性，减少铸件收缩变形，避免工件从模具内顶出时发生变形，作为熔料填充时的辅助通路（熔料流动的通路）。

加强筋设计应注意如下要求：

压铸件的加强筋/肋的厚度应小于所在壁的厚度，一般取该处壁厚的 2/3～3/4。

4. 压铸件的圆角设计要求

设计适当的工艺圆角，有利于压铸成形，避免应力及产生裂纹，并可延长模具的寿命。当压铸件需要进行电镀或涂覆时，圆角处可防止镀（涂）沉积，获得均匀镀（涂）层。

圆角设计应注意如下要求：

（1）压铸件上凡是壁与壁的连接处（模具分型面的部位除外）都应设计成角。

（2）压铸件圆角一般取：1/2 壁厚≤R≤壁厚。

5. 压铸件铸造斜度的设计要求

铸造斜度能在脱模时，减少压件与模具型腔的摩擦，使压铸件容易被取出，减少铸件表面被划伤，延长压铸模使用寿命。锌铝合金压铸件的最小铸造斜度见表 2 - 14。

表 2 - 14 锌铝合金压铸件的最小铸造斜度

外表面	内表面	型芯孔（单边）
1°	1°30′	2°

6. 压铸件的常用材料

常用压铸铝合金一般有 ADC12、YL113、YL102、A380、A360 等。

常用压铸锌合金一般有 3 号 Zn。

目前，长江三角洲地区比较普遍的铝合金材料是 ADC12，它在压铸成形性、切削性、机械性能等各方面均有较好的表现。

2.4 塑料件设计工艺

通常所说的塑料是对所有塑料品种的统称，它的应用很广泛，因此，分类方法也各有不同。按用途大体可以分为通用塑料和工程塑料两大类。通用塑料如聚乙烯（PE）、聚丙烯（PP）、聚苯乙烯（PS）、改性聚苯乙烯（如 SAN、HIPS）、聚氯乙烯（PVC）等，这些是日常使用最广泛的材料，性能要求不高，成本低。工程塑料指一些具有机械零件或工程结构材料等工业品质的塑料，其机械性能、电气性能、对化学环境的耐受性、对高温、低温的耐受性等方面都具有较优越的特点，在工程技术上甚至能取代某些金属或其他材料。常见的有 ABS、聚酰胺（简称 PA，俗称尼龙）、聚碳酸酯（PC）、聚甲醛（POM）、有机玻璃（PM-MA）、聚酯树脂（如 PET、PBT）等。

按加热时的工艺性能，塑料又可以分为热固性塑料和热塑性塑料两大类。热固性塑料在受热后分子结构转化成网状或体型而固化成形，变硬后即使加热也不能使它再软化。这种材料的特点是质地坚硬，耐热性好，尺寸比较稳定，不溶于溶剂。常见的有酚醛树脂（PF）、环氧树脂（EP）、不饱和聚酯（UP）等。热塑性塑料在受热条件下软化熔融，冷却后定型，并可多次反复而始终具有可塑性，加工时所起的是物理变化。常见的有聚氯乙烯（PVC）、聚乙烯（PE）、聚丙烯（PP）、聚苯乙烯（PS）及其改性品种、ABS、尼龙（PA）、聚甲醛（POM）、聚碳酸酯（PC）、有机玻璃（PMMA）等。这类塑料在一定塑化温度及适当压力下成形过程比较简单，其塑料制品具有不同的物理性能和机械性能。

在变流器产品中，塑料件大量应用。根据不同的应用场合，采用相应的材料，见表2-15。

表 2-15　　　　　　　　　　　　不同塑料零件的推荐材料

零件分类	推荐材料	零件分类	推荐材料
扳手类	阻燃级 ABS	绝缘挡板类	阻燃级 ABS 或 PC
小面板类	阻燃级 ABS-HF-606	小型立柱类，扎线带	PA66
导轨类	PA66+玻纤	绝缘支撑类	GPO-3，环氧树脂
灯镜，导光柱类	PMMA，PC	走线槽	硬质 PVC
防尘网	阻燃级 ABS	格兰头	PA66，丁腈橡胶
双料注塑标牌	抗电镀，耐候材料 PC	护线套管	PE，PP，PA6 等
	电镀材料，ABS，PA757		
铭牌，二维码类	PC		

2.4.1　塑料件的设计

1. 塑料件零件的壁厚选择

塑料件零件的壁厚选择见表2-16。

表 2-16　　　　　　　　　　　　塑料零件的壁厚选择　　　　　　　　（单位：mm）

塑料种类	最小壁厚	小型件壁厚	中型件壁厚	大型件壁厚
ABS	0.75	1.25	1.6	3.2～5.4
防火 ABS	0.75	1.25	1.6	3.2～5.4
PA66+玻纤	0.45	0.745	1.6	2.4～3.2
PMMA	0.8	1.5	2.2	4～6.5
透明 PC	0.95	1.8	2.3	3～4.5

塑料件，对壁厚均匀性有要求，壁厚不均匀工件将有缩水痕迹，要求加强筋与主体壁厚的比值最好为0.4以下，最大比值不超过0.6。塑料件壁厚应均匀一致，避免突变和截面厚薄悬殊的设计，否则会引起收缩不均，使塑料件表面产生缺陷。塑料件壁厚一般在1～6mm范围内，最常用壁厚值为1.8～3mm，这都随塑料件类型及大小而定。

对已建3D模型的塑料件，用Creo、Solidworks等3D软件进行截面分析，可发现胶件壁厚不均匀问题。

胶件壁厚还与熔体充模流程有密切关系，其流程是指熔料从浇口起流向型腔各处的距离。在常规工艺条件下，流程大小与胶件壁厚成正比关系。胶件壁厚越大，则允许最大流程越长。胶件壁厚为2.5mm，常规成形条件，其常用料的流程如下：

ABS：流程220mm。

PC：流程120mm。

HDPE：流程280mm。

POM：流程180mm。

2. 塑料零件的尺寸精度

塑料零件一般精度不高，在实际使用中，主要检验装配尺寸，在平面图上主要标注总体尺寸、装配尺寸及其他需要控制的尺寸。

不同精度在不同尺寸范围的数值见表2-17，不同材料所使用的经济精度见表2-18。

表2-17　　　　　　　　　　　　　不同精度在不同尺寸范围的数值

基本尺寸 /mm	精度等级							
	1	2	3	4	5	6	7	8
	公差数值/mm							
<3	0.04	0.06	0.09	0.14	0.22	0.36	0.46	0.58
>3~6	0.04	0.07	0.10	0.16	0.24	0.40	0.50	0.64
>6~10	0.05	0.08	0.11	0.18	0.26	0.44	0.54	0.70
>10~14	0.05	0.09	0.12	0.20	0.30	0.48	0.60	0.76
>14~18	0.06	0.10	0.13	0.22	0.34	0.54	0.66	0.84
>18~24	0.06	0.11	0.15	0.24	0.38	0.60	0.74	0.94
>24~30	0.07	0.12	0.16	0.26	0.42	0.66	0.82	1.04
>30~40	0.08	0.14	0.18	0.30	0.46	0.74	0.92	1.18
>40~50	0.09	0.16	0.22	0.34	0.54	0.86	1.06	1.36
>50~65	0.11	0.18	0.26	0.40	0.62	0.98	1.22	1.58
>65~80	0.13	0.20	0.30	0.46	0.72	1.14	1.44	1.84
>80~100	0.15	0.22	0.34	0.54	0.84	1.34	1.66	2.10
>100~120	0.17	0.26	0.38	0.62	0.96	1.54	1.94	2.40
>120~140	0.19	0.30	0.44	0.70	1.08	1.76	2.20	2.80
>140~160	0.22	0.34	0.50	0.78	1.22	1.98	2.40	3.10
>160~180	—	0.38	0.55	0.86	1.36	2.20	2.70	3.50
>180~200	—	0.42	0.60	0.96	1.50	2.40	3.00	3.80
>200~225	—	0.46	0.66	1.06	1.66	2.60	3.30	4.20
>225~250	—	0.50	0.72	1.16	1.82	2.90	3.60	4.60
>250~280	—	0.56	0.80	1.28	2.00	3.20	4.00	5.10
>280~315	—	0.62	0.88	1.40	2.20	3.50	4.40	5.60
>315~355	—	0.68	0.98	1.56	2.40	3.90	4.90	6.30

基本尺寸 /mm	精度等级							
	1	2	3	4	5	6	7	8
	公差数值/mm							
>355～400	—	0.76	1.10	1.74	2.70	4.40	5.50	7.00
>400～450	—	0.85	1.22	1.94	3.00	4.90	6.10	7.80
>450～500	—	0.94	1.34	2.20	3.40	5.40	6.70	8.60

表 2 - 18　　　　　　　　　　　　　**不同材料所使用的经济精度**

塑料种类	建议采用的精度等级			
	高精度	一般精度	低精度	未注公差
ABS	2	3	4	5
防火 ABS	2	3	4	5
PA66＋玻纤	3	4	5	6
PMMA	2	3	4	5
透明 PC	2	3	4	5
PC＋ABS	2	3	4	5

3. 塑料的表面粗糙度

（1）蚀纹表面不能标注的粗糙度。在塑料表面粗糙度特别低的地方，将此范围圈出标注表面状态为镜面。

（2）塑料零件的表面一般平滑、光亮，表面粗糙度一般为 $Ra2.5～0.2\mu m$。

（3）塑料的表面粗糙度，主要取决于模具型腔表面的粗糙度，模具表面的粗糙度要求比塑料零件的表面粗糙度高一到二级。用超声波、电解抛光模具表面能达到 $Ra0.05\mu m$。

4. 圆角

注塑圆角值由相邻的壁厚决定，一般取壁厚的 0.5～1.5 倍，但不小于 0.5mm。

分型面的位置要慎重选择，在分型面有圆角，圆角部分需出在模具另外一边，制作有一定难度，在圆角处有细微的痕迹线。但需要防割手时需要圆角。塑料件的圆角设计如图 2-10 所示。

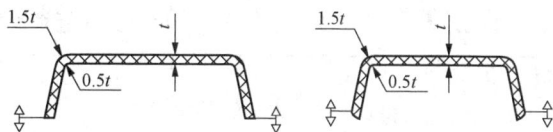

图 2-10　塑料件的圆角设计

5. 塑料零件的脱模斜度

塑料件必须有足够的脱模斜度，以避免出现顶白、顶伤和拖白现象。脱模斜度与胶料性能、胶件形状、表面要求有关。

在立体图的构建中，凡影响外观、影响装配的地方需要画出斜度。加强筋一般不画斜度。塑料零件的脱模斜度由材料、表面饰纹状态、零件透明与否决定。硬质塑料比软质塑料的脱模斜度大，零件越高、孔越深、斜度越小。

影响脱模斜度的主要因素见表 2-19，不同材料的推荐脱模斜度见表 2-20。

表 2-19 影响脱模斜度的主要因素

塑料材料的影响	PE、PP 可以强制脱模，强制脱模量一般不超过型芯的最大截面积 5%
饰纹的影响	一般情况下，脱模角比饰纹板许可得大 0.5°
工件透明预防的影响	透明的工件一般取 3°
一般情况取值	一般情况下取 0.5°~1.5°

表 2-20 不同材料的推荐脱模斜度

塑料种类	型腔斜度	型芯斜度
ABS	40″~1.2°	35″~1°
防火 ABS	40″~1.2°	35″~1°
PA66＋玻纤	25″~45″	20″~40″
PMMA	35″~1°30′	30″~1°
透明 PC	35″~1°	30″~50″

2.4.2 热固性塑料的应用

在变流器产品中，热固性塑料应用最为广泛的为 GPO-3 板和环氧树脂板。本节主要介绍 GPO-3 板材的技术要求。

UPGM203（聚酯树脂硬质层压板，UP 表示不饱和聚酯树脂，GM 表示玻璃毡补强/增强材料，203 表示特性系列号，简称 GPO-3 板），该材质适用于机械和电气中主回路铜排的固定、高压器件直接的绝缘防护等，高湿度下电气性能良好，中温下机械性能良好、阻燃性好，耐电弧和耐电痕化性能高，总体要符合《电气用热固性树脂工业硬质层压板 第 7 部分：聚酯树脂硬质层压板》（GB/T 1303.7—2009）规定的要求。

GPO-3 板性能指标要求见表 2-21，厚度尺寸偏差见表 2-22。

表 2-21 GPO-3 板性能指标要求

性能		单位	要求
			UPGM203
弯曲强度	常态	MPa	≥130
	130±2℃		≥65
	150±2℃		—
平行层向简支梁冲击强度		kJ/m²	≥40
平行层向悬臂梁冲击强度		kJ/m²	≥35
垂直层向电气强度（90±2℃油中）		kV/mm	54
平行层向击穿电压（90±2℃油中）		kV	≥35

续表

性能	单位	要求
		UPGM203
浸水后绝缘电阻	MΩ	$\geqslant 5.0 \times 10^2$
耐电痕化指数（PTI）	—	$\geqslant 500$
耐电痕化和蚀损	级	1B2.5
燃烧性	级	V-0
吸水性	mg	69

表 2-22　　　　　　　　　　　厚度尺寸偏差　　　　　　　　　　（单位：mm）

标称厚度	允许偏差（所有型号）	标称厚度	允许偏差（所有型号）
3	±0.35	6	±0.6
4	±0.4	8	±0.7
5	±0.55	10	±0.8

　　比较常用的 GPO-3 型材，分别为 L 形和 U 形，一般颜色为红色或灰白色。常用型材尺寸见表 2-23。

表 2-23　　　　　　GPO-3 型材 L 形和 U 形型材尺寸　　　　　　（单位：mm）

型材类型	L	L_1	L_2	t	t_1	t_2
	—	14	14	—	2.5	2.5
	—	10	25		3.0	3.0
	—	40	40	—	3.0	3.0
	—	30	40		4.0	4.0
	—	40	88.5		4.0	4.0
	—	31.8	44.45		4.8	4.8
	—	50	50		5.0	5.0
	—	20	34		6.0	6.0
	—	25	50		6.0	6.0
	—	26	40		6.0	6.0
	—	30	50		6.0	6.0
	—	30	75		6.0	6.0
	—	40	60		6.0	6.0
	—	50	50		6.0	6.0
	—	50	57.5		6.0	6.0
	—	75	100	—	6.0	6.0
	—	50.8	50.8		6.35	6.35
	—	50	50		8.0	8.0
	—	50	60		8.0	8.0
	—	50	65		8.0	8.0
	—	50	100		8.0	8.0
	—	40	90	—	10	10

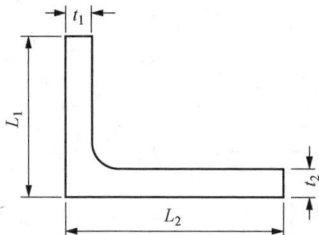

型材类型	L	L_1	L_2	t	t_1	t_2
	—	50	75	—	10	10
	—	50	80	—	10	10
	—	50	115	—	10	10
	—	50	125	—	10	10
	—	60	100	—	10	10
	—	63	100	—	10	10
	—	70	125	—	10	10
	—	75	75	—	10	10
	—	80	150	—	10	10
	—	90	90	—	10	10
	—	90	125	—	10	10
	—	125	125	—	10	10
	114.3	63.5	63.5	3.175	3.175	3.175
	38.1	16	16	3.18	3.18	3.18
	79	28.5	28.5	3.2	3.2	3.2
	82	28	28	4	3	3
	170	40	40	4	4	4
	120	40	40	5	4	4
	60	40	40	5	5	5
	100	35	35	5	5	5
	76	38	38	6.2	6.2	6.2
	50.8	25.4	25.4	6.35	6.35	6.35
	53	55	55	7	5	5
	127	45	45	7	7	7
	42.5	19	19	10.5	8.8	8.8
	110	45	45	10	10	10
	110	60	60	10	10	10
	127	45	45	10	10	10

第3章 表面处理工艺

3.1 金 属 镀 覆

3.1.1 金属镀覆工艺范围

为达到一定的防护性、装饰性、功能性要求，通常会对不同材料进行多种表面处理镀层设计，在工业上获得金属镀层较多应用的金属镀覆方法及其适用范围见表3-1。

表3-1 金属镀覆方法及其适用范围

镀覆方法	主要适用范围
电镀法	传统五金、电子产品外表面防护和装饰
热浸法	户外工程、建筑防护
塑料电镀	塑料终端产品外观和功能提供
渗透镀	精密电子器件
真空蒸发镀	灯罩、防光镜等
复合电镀	提供高耐磨镀层，如气缸内壁
穿孔电镀	PCB板电镀
电铸	标牌、铭牌、工艺品
化学镀法	提供耐蚀并导电的镀层
熔射喷镀法	户外工程机械
浸渍电镀	提供特定的化学置换层
阴极溅镀	提供电磁屏蔽等功能或外观装饰层
合金电镀	提供更高性能或替代单金属镀层
局部电镀	同一零件满足两种外观或性能要求
笔电镀	零件修复

在变流器产品中，大量采用钣金件和其他金属加工件，主要的功能要求是具有耐腐蚀性和少量的装饰性，获得这些功能最常用和最廉价的方式是传统电镀法。

3.1.2 电镀基础介绍

1. 金属的标准电极电位

电极电位是表示某种离子或原子获得电子而还原的趋势，如将某一金属放入它的溶液中（规定溶液中金属离子的浓度为1mol/L），在25℃时，金属电极与标准氢电极（电极电位指定为零）之间的电位差，叫做该金属的标准电极电位。

金属活动性顺序表［钾钙钠镁铝锌铁锡铅（氢）铜汞银铂金］自左向右活性由强变弱，标准电极电位由低变高。电极电位越低，金属越活泼，如钠、钾、铝；电极电位越高，金属越稳定，如铜、银、金。部分材料标准电极电位 $E^{\ominus}$ 见表 3-2。

表 3-2　　　　　　　　　　部分材料标准电极电位 $E^{\ominus}$ （25℃）

金属电对	$E^{\ominus}$	金属电对	$E^{\ominus}$
Li^+/Li	−3.01	Pb^{2+}/Pb	−0.13
Mg^{2+}/Mg	−2.37	H^+/H	0
Al^{3+}/Al	−1.80	Cu^{3+}/Cu	+0.34
Ti^{3+}/Ti	−1.63	O_2/OH^-	+0.40
Zn^{2+}/Zn	−0.76	Ag^+/Ag	+0.80
Cr^{3+}/Cr	−0.74	Au^{3+}/Au	+1.50
Fe^{2+}/Fe	−0.44	Au^+/Au	+1.70
Cd^{2+}/Cd	−0.40	—	—
Co^{2+}/Co	−0.28	Sn^{4+}/Sn^{2+}	+0.15
Ni^{2+}/Ni	−0.25	Cu^{2+}/Cu^+	+0.15
Sn^{2+}/Sn	−0.14	Fe^{3+}/Fe^{2+}	+0.77

2. 阳极性镀层

在一定的介质中，镀层金属的电极电位比基体金属的电极电位低时，此镀层为阳极性镀层（如钢上镀锌）。此类镀层完整性被破坏后，仍可依靠电化学作用保护基体。

3. 阴极性镀层

在一定的介质中，镀层金属的电极电位比基体金属的电极电位高时，此镀层为阴极性镀层（如钢上镀铜）。阴极性镀层只能依靠自身的致密膜层保护基体金属，当镀层完整性较差或被破坏之后，将加速基体金属的腐蚀。

3.1.3　金属镀覆设计注意事项

1. 镀覆层设计原则

镀覆层设计时须考虑以下各项因素：

（1）零件的材料、结构、形状、配合公差。例如 M3 的螺纹镀层厚度超过 $4\mu m$ 就会影响形状和旋合。

（2）零件储存和使用环境条件特征。

（3）金属镀覆层的特性和分类、应用范围、厚度系列与选择原则。

（4）镀覆的目的和各种性能要求。

（5）镀覆层的表示方法。

2. 几个特定的注意事项

（1）结构设计中尽量避免两端盲孔等溶液无法进入或流动的区域和结构，当孔较小、较深时，要增加工艺横孔，以提高溶液流动性和改善电场分布，提高镀层均性和可镀性。

（2）由于前处理和电镀溶液很容易在组合件缝隙中残留，带有螺纹连接、压合、搭接、铆接、点焊、单面焊等组件，因存在缝隙，原则上不可以进行镀覆。

（3）机柜电镀难度很大，良品率较低，机柜外部和内部镀层厚度差别较大，设计中应尽量避免整机电镀。

（4）黑色金属电镀后会不同程度地产生氢脆，抗疲劳性能下降，需要受力的高强度钢和薄壁零件要注意氢脆、疲劳和应力集中等。

（5）镀层组合不可随意设计，必须经过试验验证性能满足各项要求的镀层组合才可以采用。

（6）应注意镀覆层的使用温度范围，超过允许的使用范围时，不仅会导致性能无法达到，甚至可能引起基体金属的开裂和脆断。

（7）电镀铬的深度能力很差，形状复杂的工件，仅装饰性的外表面可以保证镀层完整，凹槽和孔内很难镀到。

（8）在密闭情况下，应考虑有机挥发气氛对锌镉镀层的腐蚀作用。

3.2　表　面　喷　涂

3.2.1　喷涂基础介绍

1. 喷漆原理

采用专用的喷漆枪，利用压缩空气喷出的气流与连接贮漆罐的管内形成气压差，从而把漆液从贮漆罐里吸上来，通过压缩空气的气流带到喷嘴，吹成细雾均匀地喷涂于被涂表面。

通过不同的喷嘴和调整喷嘴位置，可以调成圆形、扇形、水平、垂直等不同形状的漆流。对于大而简单的表面，一般采用扁平漆流；对于小而复杂的表面，则通常采用圆形漆流。

2. 喷粉原理

采用专用的静电喷枪，涂料借压缩空气气体送入喷枪后，在静电喷枪的电晕放电电极附近带上了负电荷，因而产生了静电力和偶极力。然后在输送气压力的推动下，涂料微粒飞离喷枪后，沿着电力线方向飞向带正电性的工件，并按工件表面电力线的分布密度排列，从而涂料就牢牢地涂敷（吸附）在工件表面。

粉末涂料的静电喷涂称为喷粉或喷塑。一般膜层较厚，只需几秒钟就得到 $50\sim100\mu m$ 的涂层厚度。涂敷后的工件送到烘箱内烘烤，粉末经过受热熔融、流平、交联，固化成膜。根据粉末涂料中流平剂的多少可分别得到平光、橘纹、砂纹效果的涂层。

喷漆和喷粉层技术指标和其他对比见表 3-3。

表 3 - 3   喷漆和喷粉层技术指标和其他对比

对比项目	喷漆	喷粉
固化温度	$160\pm5℃$	$180\pm5℃$
涂膜固化后厚度	$30\sim60\mu m$	$60\sim90\mu m$
固化时间	$20\sim30min$	$20\sim30min$
漆膜硬度（铅笔）	3H	2H
耐冲击性	$50kg/cm^2$	$50kg/cm^2$
耐腐蚀性（NSS 测试）	240h	500h
耐溶剂性	较好	好
可选效果	平光、撒点	平光、橘纹、砂纹

3.2.2　表面效果选择原则

为保证较高的外观合格率，在涂覆设计时应优先考虑采用美术效果。喷漆选用撒点，喷粉选用桔纹、砂纹（注意：喷漆没有桔纹、砂纹，喷粉没有撒点），平均合格率可达到 90% 以上。不论喷漆或者喷粉，原则上应该避免采用平光效果，尤其是高质量平光等级的设计（如电镀亮银漆），涂层平均合格率一般仅为 50%~70%。

3.2.3　喷粉、喷漆设计注意事项

根据零件的使用功能、使用环境气候特点、设计不同部位的外观要求。尽量减少除正视外观装饰面以外部分采用要求较高的外观等级。

（1）角、锐边必须倒钝、倒圆，倒角的圆弧半径在可能条件下应越大越好，以便降低粉末在固化时的边缘效应，金属加工在折弯处棱角应圆滑无龟裂。

（2）由于静电作用引起密孔透漆。一般密孔部位单面喷涂时，密孔背面应允许少量溢漆（飞漆）。要尽量减少单面喷涂、密孔背面不允许有漆层的结构设计。对于单面喷涂背面不允许有漆层（需要导电）的钣金件，不要设计 $\phi2mm$ 及以下的小孔，否则孔易堵塞。

（3）对于局部喷漆和喷粉的工件，不喷漆的表面需要进行保护，为降低局部保护难度，在设计喷涂范围时须注意一些原则：钣金件断面没有导电接触要求时，应将断面（所有切边和孔）包含在喷涂加工范围内，如图 3 - 1 所示。喷漆方式一要求喷涂时保护钣金端面 A、C，在贴保护胶带时，薄壁端面不易贴牢，喷涂时容易脱落，如果改为喷漆方式二，则喷涂操作简单。

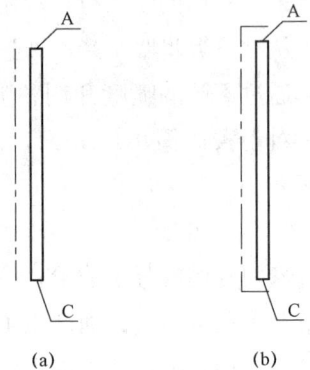

图 3 - 1　喷漆保护示意图
(a) 喷漆方式一（不合理）；
(b) 喷漆方式二（合理）

（4）圆弧面为边界的喷涂区应将喷涂区域向平面区域延伸 2mm，以保证保护区域的准确控制（点画线指示的区域喷涂），如图 3 - 2 所示。

（5）有装饰性要求的喷涂表面，最好不要设计铆装结构，推荐使用焊接方式。必须采用铆接时，接处的喷涂质量应降级验收。如图 3 - 3 所示，压铆螺母柱压入钣金件上后，喷涂前一般要打磨平整。否则喷涂后会有压柳螺母柱的六角形印迹，面板和盖板上有喷涂的表面，尽可能避免采用这种结构。

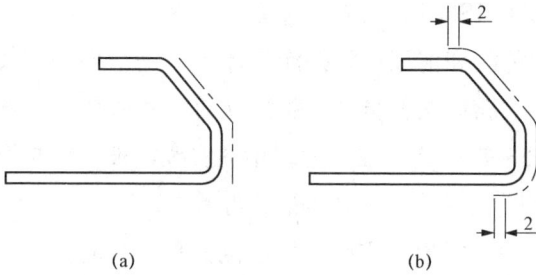

图 3 - 2　喷漆保护示意图
（a）不合理的工艺方式；（b）较为合理的工艺方式

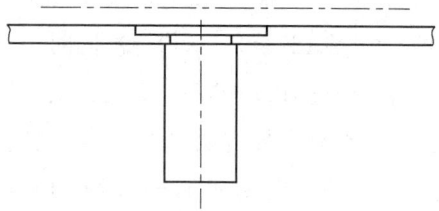

图 3 - 3　喷漆保护示意图

（6）铝板上压柳不锈钢螺钉，由于两者强度差别太大，喷涂前螺钉及附近区域抛光打磨困难，质量不易保证，应尽量减少这种结构的喷涂。

（7）尽可能减少喷涂保护面，由于喷涂保护的胶带是耐温接近 300℃ 的高温胶带，价格很贵，而且粘贴高温胶带速度慢、效率低，所以设计尽可能减少保护面积。如图 3 - 4 所示，要求盖板外表面喷涂，盖板内表面要搭接导电，需要喷涂保护，左边的喷涂要求全部内表面喷涂保护，喷涂保护困难，密孔的喷漆毛刺要一个个去掉，工作量非常大。为了保证屏蔽搭接，可以将整体内部喷涂保护改为图 3 - 4（b）所示的局部保护，喷涂保护简单，工作量大大降低。

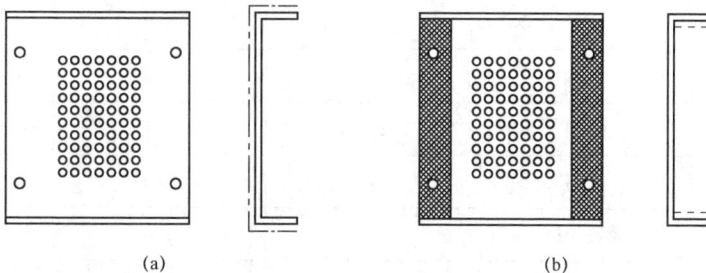

图 3 - 4　减少喷漆保护面积
（a）内表面全部喷涂保护操作困难；（b）局部喷涂保护容易操作

（8）特别注意，不要出现一个很大的零件喷涂很小部分表面、大部分表面被喷涂保护的现象，这样将给喷涂带来很大的困难。

3.3 表面处理工艺的防腐蚀设计

3.3.1 环境条件分类

变流器产品使用环境，一般分为常温型/低温型，高原型/近海型，海上型。国内变流器产品对机械制造工艺中的防护涂层要求，均来自 ISO 12944 标准体系。

1998 年，国际标准化组织 ISO 推出了《色漆和清漆—防护涂料体系对钢结构的防腐蚀保护》（ISO 12944）。这份标准同时也通过了欧洲标准委员会的批准认可，并取代了一些国家标准，如英国的 BS 5493、德国的 DIN 55928 等。该标准经过多年的实践，被证明是有效实用的，受到世界各地的业主、涂料制造商和防腐蚀设计人员等的良好赞誉。

《实验室性能测试方法》（ISO 12944 - 6）提供了通过实验室性能测试来评价防护涂料体系的方法，以便能够选择最合适的防护涂料体系。这部分涵盖了设计用于无涂层钢结构、热浸锌钢以及热喷涂锌钢结构表面的防护涂料体系。ISO 12944 - 6 规定了 C2～C5 腐蚀级别下，应用于碳钢、热浸镀锌和热喷涂金属涂层的测试方法，见表 3 - 4。

表 3 - 4　C2～C5 腐蚀级别下应用于碳钢、热浸镀锌钢和热喷涂金属涂层的测试方法

腐蚀性级别	耐久性范围	试验模式 1		试验模式 2
		ISO 6270 - 1 凝露试验/h	ISO 9227 中性盐雾/h	ISO 12944 - 9 循环老化试验/h
C2	低 L	48	—	—
	中 M	48	—	—
	高 H	120	—	—
	很高 VH	240	480	—
C3	低 L	48	120	—
	中 M	120	240	—
	高 H	240	480	—
	很高 VH	480	720	—
C4	低 L	120	240	—
	中 M	240	480	—
	高 H	480	720	—
	很高 VH	720	1440	1680

续表

腐蚀性级别	耐久性范围	试验模式 1		试验模式 2
		ISO 6270-1 凝露试验/h	ISO 9227 中性盐雾/h	ISO 12944-9 循环老化试验/h
C5	低 L	240	480	—
	中 M	480	720	—
	高 H	720	1440	1680
	很高 VH	—	—	2688

其中：

（1）常温型（C2 级别）。适用于有空调的机房内；密闭、不开启的设备内部。

（2）低温型/高原型（C3 级别）。适用于无空调的一般室内、楼道内，陆上型风机塔筒内；陆上型无对外空气交换的户外柜内部等。

（3）近海型（C4 级别）。适用于离海岸线 14km 以外的户外设备外部，海上型风机塔筒内，海上型无对外空气交换的户外柜内部等。

（4）海上型（C5 级别）。适用于海岛、海上、舰船上和离海岸线 14km 之内的海边户外设备的外部；化工厂、炼油厂等污染严重的大型厂矿附近和酸雨高发的地区户外设备的外部；长期的高湿环境的户外设备的外部。

3.3.2　零部件的外形结构要求

（1）需要电镀的零部件，避免设计为全封闭或近似全封闭的腔体结构。

（2）需要电镀的零部件，其上避免设计盲孔；盲孔结构不可避免时，盲孔深度不超过盲孔直径的 2 倍。

（3）需要喷涂的零部件，避免喷涂死角，以免形成喷涂盲区。

（4）避免分段焊结构。

（5）结构件外形应尽量平整简洁。

3.3.3　常用材料和镀覆层相互接触时的接触腐蚀等级

环境条件为近海型或海上型环境时，相互接触的零部件尽量选用同一种金属材料，不可避免使用异种金属材料（在电解质溶液中相互接触或相互通过导体连接能产生电流的两种金属）的零部件组合时，应在以下三种措施中选择一种。

（1）用绝缘材料隔离异种金属材料的零部件组合。

（2）用耐候密封胶或涂料涂覆异种金属材料的零部件组合，即在接触面平整规则、缝隙较小且异种金属零部件不需拆卸的情况下，用喷粉涂层密封接触区域的间隙，其余情况用耐候密封胶密封接触区域的间隙。

（3）采用合理的表面处理措施处理异种金属材料的零部件组合，即在其中一个金属零部件表面形成过渡性镀层，该过渡性镀层的电极电位与另外一个金属零部件的电极电位相差小于 0.25V。

常用材料和镀覆层相互接触时的接触腐蚀等级见表3-5。

表3-5   常用材料和镀覆层相互接触时的接触腐蚀等级

接触材料	金银镀层	铜及铜合金	铜镀镍	铜镀锡	铜镀银	铜镀锌钝化	不锈钢	钢镀铬	钢镀镍	锡（焊料）	钢、铸铁	钢镀锌钝化	铝及铝合金	铝氧化	锌合金钝化	油漆覆盖层
金银镀层	0															
铜及铜合金	1	0														
铜镀镍	0~1	0														
铜镀锡	1	1	0~1	0												
铜镀银	0	0	0~1	1	0											
铜镀锌，钝化	2	2	2	1~2	2	0										
不锈钢	0	0~1	0	0~1	0	2	0									
钢镀铬①	0	1	0~1	1	0~1	2	0	0								
钢镀镍②	1	0~1	0	0~1	0~1	1~2	0	0	0							
锡（焊料）	2	1	0	1	0~1	1	1	1	0~1	0						
钢③和铸铁	2	1	1~2	0	1~2	1	1~2	1~2	1~2	0						
钢镀锌，钝化	2	2	2	2	2	0	2	1~2	0~1	2	0					
铝及铝合金	2	2	1~2	0~1	2	0~1	0	0~1	0	2	1~2	0~1	0			
铝氧化	2	2	0~1	0	0~1	0	1	1	1	0	2	0~1	0	0		
锌合金钝化	2	2	1	0~1	2	0~1	2	2	1~2	0	2	0~1	0~1	1	0	
油漆覆盖层	—	0	0	0	0	0							0			0

注：0～0级，不引起接触腐蚀，可安全使用。

1～1级，引起接触腐蚀，但影响不严重，在有空调的室内与无空调的室内可以使用。

2～2级，引起严重的接触腐蚀，除有空调的室内环境外，采用时两种材料之间必须增加隔离措施。

①铜、镍、铬复合镀层。

②铜、镍复合镀层。

③碳素钢和低合金钢。

因此，在设计过程中，尽量选择接触腐蚀等级小（0级和1级）的组合。

根据表3-5中的接触腐蚀等级，裸露在大气环境中且相互直接接触时，常用金属材料和镀覆层需满足表3-6规定的应用限制条件。

表3-6   裸露在大气环境中且相互直接接触的常用材料和镀覆层应用限制

序号	常用材料和镀层	接触材料和镀层	应用限制条件
1	钢镀锌钝化处理	金银等贵金属，钢镀铬，铜镀镍，不锈钢，铜合金钝化	在C2与C3环境条件下可以接触；在C4与C5环境条件下不能接触
2	铝合金导电氧化	金银等贵金属，钢镀铬、不锈钢，铜合金钝化	在C2与C3环境条件下可以接触，其他不能接触
3	铝合金阳极氧化	金银等贵金属，铜合金钝化	在C2与C3环境条件下可以接触，其他不能接触

裸露在大气环境中且相互直接接触时，金属材料与非金属材料的组合需满足表 3-7 的禁忌要求。

表 3-7　　　金属材料与非金属材料相互直接接触且裸露在大气环境中的禁忌

序号	非金属材料	禁忌接触对象
1	橡胶	铜、锰、镀银零部件
2	纸类	铜或银
3	含金属粉末的导电橡胶、塑料类	镀锌、铝等活泼金属件

3.3.4　结构件的缝隙结构要求

两个裸露金属表面形成的狭缝，暴露在 C4 与 C5 环境条件下，缝隙内或附近易发生局部腐蚀，因此，设计时应满足如下要求：

（1）避免裸露金属部位形成外露缝隙。

（2）对于系统设备上不可避免的外露缝隙，应采取适当措施，如增大缝隙尺寸等，以便喷涂或涂耐候密封胶密封。

（3）点焊工艺容易形成缝隙，环境条件为一般户外环境或严酷户外环境时，避免点焊工艺，包括螺柱与螺母的点焊。

（4）暴露 C5 环境条件下，除具有气密性要求的紧固件外，紧固件和被连接零部件的接触面之间需安装塑料垫片。

3.3.5　结构件防积水要求

在金属表面聚集水后，水易与盐粒等物质组成电解质溶液，加速金属腐蚀，因此，设计时应注意以下几点：

（1）遮阳罩设计成倾斜结构，平面转接处向下倾斜平滑过渡，防止雨水积存和流入设备内部。

（2）在系统设备内部可能积水的区域，设置排水孔。

3.3.6　结构件的设计要求

金属材料在表面处理过程中，由于表面处理技术本身的特点，对零部件有一定的特殊需求，因此，在系统设备结构设计时，应遵从以下规定：

（1）需要电镀的零部件，零部件上有杯形轮廓处时，需预留镀液和气体的排放口。

（2）需要电镀的零部件，零部件上有平底槽时，平底槽的内外部角处均需倒圆角，槽的深度不超过宽度的 2 倍。

（3）需要喷涂的零部件，棱角都要进行倒圆角，圆角 R 不小于 0.3mm；对于易产生毛刺且无法打磨的百叶窗结构，需采用带凸缘的百叶窗。

（4）对于需要镀涂的零部件，避免尖角，除冲切口外，两个平面相交的棱边需设计为不小于 0.3mm 的圆角，以保证涂层的均匀性。

3.3.7 结构件的工艺要求

表面处理过程中，金属材料会有一系列的化学反应，导致材料的一些参数发生变化，因此，在系统设备结构设计时，应遵从以下规定：

（1）所有表面处理工序应在零部件机械加工（钣金、机加、焊接、钻孔等）完成之后进行，即镀涂后的零部件不允许二次机械加工。

（2）焊接区域在表面处理前必须打磨平整。

（3）采用螺纹连接、压合、铆接等工艺处理后的组件，不允许进行电镀。

（4）黑色金属电镀后会产生氢脆抗疲劳性能下降，需要受力的高强度钢和薄壁零部件，要注意氢脆、疲劳和应力集中等，要求去除氢脆，抗拉强度大于 1050MPa 的钢铁件或性能等级 10.9 级以上的紧固件，要在图纸上注明去除氢脆。

3.3.8 金属材料及金属材料表面处理措施的选型设计

（1）电力电子产品使用环境，依据 C2，C3，C4，C5 的顺序，环境恶劣程度依次升高，恶劣程度较高的环境条件下适用的技术方案可应用于恶劣程度较低的环境条件。

（2）钣金类零部件禁止采用达克罗工艺。

（3）镀锌件默认设计为镀环保彩锌，有其他镀锌要求时，必须注明，严禁镀白锌。

（4）铝合金导电氧化默认为本色导电氧化（压铸件为淡蓝色），黄绿色导电氧化严禁采用。

（5）除了 C2 环境条件，钢铁零部件与锌合金、铝合金基材直接接触且裸露在大气环境中时，钢铁零部件需要电镀环保彩锌，不能镀镍。

（6）除了 C2 环境条件，铝合金不允许和铜合金、不锈钢及贵金属直接接触。

（7）环境条件为 C4 环境时，对于 M6 及其以上的紧固件，应采用碳钢达克罗或 304 不锈钢钝化；对 M6 以下的紧固件必须采用 304 不锈钢钝化。

（8）环境条件为 C5 环境时，紧固件的材料为 304 不锈钢或 316 不锈钢。304 不锈钢的表面处理措施为达克罗，316 不锈钢表面处理措施为钝化。

（9）环境条件为 C4 环境时，除紧固件外，抱杆工程安装件与挂壁工程安装件的材料需为碳钢或 304 不锈钢。304 不锈钢表面处理措施为钝化或喷户外粉。碳钢的表面处理措施有两种，第一种为热镀锌；第二种为电镀环保彩锌后再喷户外粉。

（10）环境条件为 C5 环境时，除紧固件外，外围关键安装件的材料需为碳钢或 304 不锈钢。304 不锈钢表面处理措施为喷户外粉。碳钢的表面处理措施与第 9 条中碳钢的表面处理措施规定相同。

（11）环境条件为 C4 或 C5 环境时，铝合金结构件要求喷户外粉，铝合金喷涂前可作导电氧化或阳极氧化，但对于有导电需求的零部件，喷涂前必须作导电氧化。

（12）环境条件为 C4 或 C5 环境时，户外柜体避免使用吊环；不可避免时，吊环的材料需为 304 不锈钢，表面处理为钝化。

（13）环境条件为 C4 或 C5 环境时，不锈钢件（包括结构件和紧固件）和铝合金压铸件直接接触且裸露在大气环境中时，不锈钢件表面需要进行达克罗处理。

3.4　表面丝印

3.4.1　丝网印刷原理

丝网印刷是利用感光材料通过照相制版的方法制作丝网印版（使丝网印版上图文部分的丝网孔为通孔，而图文部分的丝网孔被堵住）。印刷时通过板的挤压，使油墨通过图文部分的网孔转移到承印物上，形成与原稿一样的图文。丝网印刷设备简单、操作方便，印刷、制版简易且成本低廉、适应性强。丝网印刷由五大要素构成，即丝网印版、刮印刮板、油墨、印刷台以及承印物。

3.4.2　丝网印刷的主要特点

（1）丝网印刷可以使用多种类型的油墨，即油性、水性、合成树脂乳剂型、粉体等油墨，且丝网印刷油墨调配方法简便。

（2）版面柔软。丝网印刷版面柔软，且具有一定的弹性，不仅适合在纸张和布料等软质物品上印刷，而且也适合于在硬质物品上印刷，例如玻璃、陶瓷、塑料、金属等。

（3）由于在印刷时所用的压力小，所以也适于在易碎的物体上和轻薄物体上印刷。

（4）墨层厚实，覆盖力强，耐光性强，色泽鲜艳。丝网印刷的墨层厚度一般可达 $30\mu m$ 左右，可以使用各种墨及涂料，不仅可以使用浆料、黏结剂及各种颜料，也可以使用颗粒较粗的颜料。

（5）这种印刷方式有大的灵活性和广泛的适用性，不受承印物表面积大小的限制。它不仅适合在小物体上印刷，而且也适合在较大物体上印刷。丝印一般用于表面较平的工件，也可以丝印半径很大的弧面或者球面，如果弧面或球面曲率太大，就要采用移印等方式。

（6）丝网印刷比较适于表现文字及线条明快的单色成色原稿，同样适于表现反差较大、层次清晰的彩色原稿，不适于再现精细线条点、网点的原稿。

3.4.3　丝印设计注意事项

（1）面板丝印字体的颜色。丝印颜色应根据产品需求选择几种常用颜色，同一零件上要尽量减少丝印的颜色，而且丝印颜色尽量统一。

（2）丝印距障碍物的最小距离。当丝印字符周围有其他突起物时，突起物的高度不得大于1mm，否则丝印字符与突起物之间要保留一定的距离，要求丝印字符与障碍物的距离一般大于20mm，可用普通的丝印框完成丝印，当空间位置限制，可以采用较小的铝合金丝印框。丝印字符与障碍物的距离至少大于12mm，这种情况丝印稍微困难，只有结构特别需要时，才按照这个尺寸设计，如图3-5所示。

（3）避免在光亮的表面设计丝印。避免在光亮的表面（如电镀装饰铬、光亮镍、光亮阳极氧化和导电氧化层）设计丝印，在镀层和化学处理层表面丝印时，只能在非装饰性光亮表

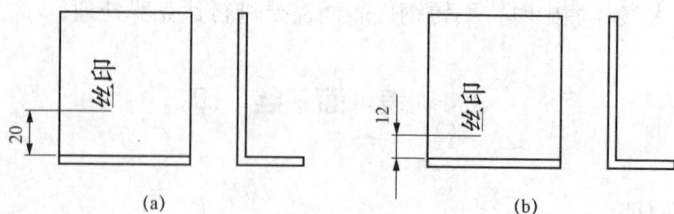

图 3-5 丝印与障碍物的最小距离（单位：mm）

(a) 一般情况丝印距障碍物最小距离；(b) 特殊情况丝印距障碍物最小距离

面（镀锌）和较粗糙表面（如珍珠铬等哑光镀层）进行。必要时要将底材粗化（如喷砂、拉丝等处理）。

（4）图案很复杂时不宜丝印。图案很复杂，面积很大，内容很多，线条很细、很密的图形，丝印难度很大，良品率难以保证，这些情况不太合适丝印，最好采用标贴或其他形式。

3.4.4 移印工艺

移印主要用于曲面印刷，先将需要印刷的图案蚀刻在钢模板上，再在蚀刻的钢模板上涂覆油墨，利用硅橡胶材料制成的曲面移印头，将凹版上的油墨蘸到移印头的表面，然后移到需要移印的工件表面并下压，将文字、图案等转印到被印刷的工件上。

移印工艺主要用于不规则异形表面的印刷，以塑料注塑零件为主。例如，手机表面的文字和图案，还有计算机键盘、仪器、仪表等很多电子产品的表面印刷，一般都是移印完成。

3.5 变流器主要金属件及表面处理

3.5.1 机柜技术要求及表面处理

变流器产品的机柜为产品的承载体，也是产品防护的最重要屏障。机柜的生产工艺质量是变流器产品整体机械工艺的基础，也是机柜的壳体防护性能的重要保证。

机柜防护性能 IP 等级由《外壳防护等级 IP 代码》（GB/T 4208—2017）规定。IP 代码含义见表 3-8。

风冷型机柜一般要求整柜 IP 23 等级，水冷型密闭机柜一般要求整柜 IP 54 等级。机柜的生产工艺质量是 IP 防护的基础。变流器产品的机柜一般体积比较大，宽度和高度一般在 2m 以上，深度一般在 1m 以上，柜体为多个分柜并柜结构，对 IP 防护性能的实现挑战很大。

1. 机柜公差要求

（1）机柜尺寸公差。

机柜框架的加工，焊接精度，公差要求达到对角线尺寸±3mm，宽度、高度和深度内尺寸＋1.5～－0.5mm；整柜尺寸公差原则按照《产品几何技术规范（GPS）基础 概念、原则和规则》（GB/T 4249—2018）执行；未标注线性尺寸公差等级为《一般公差 未注公差的线性和角度尺寸的公差》（GB/T 1804—2000）中的 C 等级，见表 3-9。

表 3-8　　　　　　　　　　　　　　　IP 代码含义

组　成	数字或字母	对设备防护的含义	对人员防护的含义
代码字母	IP	—	—
第一位 特征数字		防止固体异物进入	防止接近危险部件
	0	无防护	无防护
	1	≥直径50mm	手　背
	2	≥直径12.5mm	手　指
	3	≥直径2.5mm	工　具
	4	≥直径1.0mm	金属线
	5	防　尘	金属线
	6	尘　密	金属线
第二位 特征数字		防止进水造成有害影响	—
	0	无防护	
	1	垂直滴水	
	2	15°滴水	
	3	淋　水	
	4	溅　水	
	5	喷　水	
	6	猛烈喷水	
	7	短时间浸水	
	8	连续浸水	

表 3-9　　　　　　　　　线性尺寸的极限偏差数值　　　　　　　（单位：mm）

公差等级	基本尺寸分段							
	0.5～3	>3～6	>6～30	>30～120	>120～400	>400～1000	>1000～2000	>2000～4000
精密 f	±0.05	±0.05	±0.1	±0.15	±0.2	±0.3	±0.5	—
中等 m	±0.1	±0.1	±0.2	±0.3	±0.5	±0.8	±1.2	±2
粗糙 c	±0.2	±0.3	±0.5	±0.8	±1.2	±2	±3	±4
最粗 v	—	±0.5	±1	±1.5	±2.5	±4	±64	±8

（2）机柜形状公差。

机柜的框架对底部基准面的垂直度和框架立柱间的平行度按《形状和位置公差 未注公差值》（GB/T 1184—1996）的要求，取 12 级，见表 3-10。

表 3 - 10　　　　　　　　　　平行度、垂直度公差值　　　　　　　（单位：μm）

公差等级	主参数 L/mm					
	>160~250	>250~400	>400~630	>630~1000	>1000~1600	>1600~2500
12	600	800	1000	1200	1500	2000

　　机柜的框架对底部基准面的垂直度和框架立柱间的平行度按《形状和位置公差　未注公差值》（GB/T 1184—1996）的要求，取 12 级，见表 3 - 11。

表 3 - 11　　　　　　　　　　平面度公差值　　　　　　　　　　（单位：μm）

公差等级	主参数 L/mm					
	>160~250	>250~400	>400~630	>630~1000	>1000~1600	>1600~2500
12	300	400	500	600	800	1000

　2. 机柜材质及表面处理推荐

　　机柜材质及表面处理推荐见表 3 - 12。

表 3 - 12　　　　　　　　　　机柜材质及表面处理推荐

分类	常温型 C2		低温型/高原型 C3		近海型 C4		海上型 C5	
	基材	表面处理	基材	表面处理	基材	表面处理	基材	表面处理
框架型材	镀层≥Z80 镀锌板	—	镀层≥Z80 镀锌板	喷粉厚度 80~120μm	镀层≥Z80 镀锌板	富锌底粉+喷粉，总厚度 80~120μm	不锈钢 304	富锌底粉+喷粉，总厚度 80~120μm
门板	Q235A	喷粉厚度 80~120μm	镀层≥Z80 镀锌板	喷粉厚度 80~120μm	镀层≥Z80 镀锌板	富锌底粉+喷粉，总厚度 80~120μm	不锈钢 304	富锌底粉+喷粉，总厚度 80~120μm
横梁底座	槽钢/角钢	喷粉厚度 80~120μm	槽钢/角钢	喷粉厚度 80~120μm	槽钢/角钢	浸锌厚度≥12μm，喷粉厚度 80~120μm	槽钢/角钢	浸锌厚度≥12μm，喷粉厚度 80~120μm
并柜件	碳钢	镀彩锌	碳钢	镀彩锌	不锈钢 304	—	不锈钢 304	钝化
接地螺钉	碳钢	镀铜	碳钢	镀铜	不锈钢 304	—	不锈钢 304	钝化
紧固件	碳钢	镀彩锌	碳钢	达克罗	不锈钢 304	钝化	不锈钢 316	钝化
门锁	锌合金	镀铬	锌合金	镀铬	锌合金	镀锌镍合金	锌合金	镀锌镍合金
铰链	锌合金	喷砂	锌合金	喷砂	不锈钢 304	镀锌镍合金	不锈钢 304	镀锌镍合金

分类	常温型 C2		低温型/高原型 C3		近海型 C4		海上型 C5	
	基材	表面处理	基材	表面处理	基材	表面处理	基材	表面处理
锁杆	碳钢	镀白锌	碳钢	镀白锌	不锈钢304	镀锌镍合金	不锈钢304	镀锌镍合金
锁舌	碳钢	镀白锌	碳钢	镀白锌	碳钢	镀锌镍合金	碳钢	镀锌镍合金

3. 加工技术要求

（1）机柜并柜后，机柜门的开启角度不小于 120°。在开合过程中框架上铰链和门板无干涉。门板上铰链需要满焊或至少 5 点焊接。

（2）并柜密封材料为 EPDM 材质或同等材质，保证各并柜处压接良好，柜间连接满足 IP 54 防护要求。

（3）柜门密封胶条采用发泡点胶技术，可塑性强，高密封性，耐腐蚀，耐高温。长期工作温度为 −40～70℃。

（4）柜体的金属壳体，须有保护接地螺钉，并在明显处标志保护接地符号；各门板、侧板接地螺柱不少于 1 个，上顶部盖板接地螺柱不少于 1 个，要求焊接牢固，无虚焊等焊接缺陷；侧板、后板需要通过自动电位平衡保证与柜体框架完好连接，以保证接地良好；并且连接好所有的接地编织线。接地编织线采用镀锡铜制编织带，编织带需要包裹绝缘套管，编织带长度合理，当门活动至最大活动半径处，编织带预留长度不超过 5cm，保证柜门开合顺利。

3.5.2　其他金属材料及表面处理

1. 钢材

部分钢材材质及表面处理及应用推荐见表 3-13。

表 3-13　　　　　部分钢材材质及表面处理及应用推荐

材料	牌号 (尺寸/mm)	表面处理	使用环境				应用形式	中性盐雾/h	膜厚/μm
			C2	C3	C4	C5			
冷轧板	08AL (0.8～3.0)	酸洗磷化＋室内粉	√				门板、钣金件、托轨、后板、盒体及插箱侧板	240	80
		镀彩锌		√			立柱等不易接触的地方。如需接触，增喷室内粉	72	12
		镀彩锌＋户外粉			√	√	底座、工程安装件	336	12/80

续表

材料	牌号(尺寸/mm)	表面处理	使用环境				应用形式	中性盐雾/h	膜厚/μm
			C2	C3	C4	C5			
热镀锌板	SGCC (0.4~2.5)	不处理	✓				插箱、导轨板、立柱、横梁、支架、插箱、门轴支撑片、钣金件	24	—
		酸洗磷化+室内粉		✓			围框、门板、顶盖、地角安装板、钣金件	240	80
		酸洗磷化+户外粉			✓		围框、门板、顶盖、遮阳罩	336	80
		酸洗磷化+富锌底粉+户外粉				✓	围框、门板、顶盖、遮阳罩(重点保护焊缝处)、夹板	336	30/80
电镀锌板	SECC (0.6~2.0)	不处理		✓			插箱、导轨板、立柱、户外机箱,钣金件	96	—
镀锡板	0.4	不处理		✓			屏蔽盒等	—	—
酸洗板	SPHC (3.5~4.0)	电镀彩锌+室内粉		✓			底座,其他需要厚度大于3.5mm的框、架	240	12/80
		电镀彩锌+户外粉				✓	底座,其他需要厚度大于3.5mm的框、架	336	12/80
热轧板	Q235 (4.5~6.0)	电镀彩锌+户外粉			✓		户外工程安装应用	336	12/80
不锈钢带	SUS301 (0.1, 0.2, 0.4)	不处理		✓			机箱、机柜中的屏蔽、导电簧片、小型结构件	24	—
不锈钢板	SUS304 (1.0, 1.2, 1.5, 2.0, 2.5)	不处理			✓		户外直通风柜内部构件,钣金件	120	—
	铁素体冷轧板443 (1.0, 1.2, 1.5, 2.0, 2.5)	不处理	✓				插箱、导轨板、立柱、插箱、户外机箱,钣金件	48	—
优质碳素结构钢板	45 (0.3~3.0)	电镀铬		✓			扳手等	96	20/10/0.3

续表

材料	牌号 （尺寸/mm）	表面处理	使用环境				应用形式	中性盐 雾/h	膜厚/ μm
			C2	C3	C4	C5			
钢棒	易切削冷拉圆钢 Y12 或 Y15（φ5，φ6，φ8，φ10，φ12，φ16，φ20，φ22，φ25）	电镀铬、彩锌	√				载荷较小的零件，如把手、连杆、门销、导柱、导向销、防风杆、插销	96	12
		电镀彩锌＋喷户外粉				√		336	12/80
	冷拉圆钢 10 号（φ5，φ6，φ8，φ10，φ12，φ16，φ20，φ22，φ25）	电镀铬、彩锌		√			支撑柱类	96	12
		电镀彩锌＋钝化＋户外粉				√	支撑柱类	336	12/80
	易切削冷拉六角钢 Y12 或 Y15	电镀铬、彩锌		√			螺柱、螺母类	96	12
		电镀彩锌＋喷户外粉				√	螺柱、螺母类	336	12/80
	SUS304	达克罗				√	M8 及其以上的大螺栓	336	5～8
		钝化			√		M8 以下的大螺栓	120	—
		达克罗				√		336	5～8
	SUS303	钝化		√			把、销、轴等小型零件以及不锈钢非标紧固件	48	—
Q235A	钢管	热浸锌				√	安装主体	168	80
	角钢	热浸锌				√	安装支架、室外角钢型走线架等	168	80
	扁钢	电镀锌＋室内粉		√			安装支架等	240	12/80
	槽钢	热浸锌				√	安装支架等	168	80
SUS304	钢管	钝化			√		安装支架等	120	—
20 号	钢管	电镀锌＋户外粉				√	安装支架等	336	12/80
		热浸锌				√	安装支架等	168	80
	冷拉方钢	电镀锌＋户外粉				√	安装支架等	336	12/80

2. 铝材

铝材材质表面处理及应用推荐见表 3-14。

表 3-14 铝材材质表面处理及应用推荐

材料	牌号 (尺寸 mm)	表面处理	使用环境				应用形式	中性盐雾 /h	膜厚 /μm
			C2	C3	C4	C5			
纯铝板	1100 (0.3~10.0)	导电氧化	√	√			防锈标牌、钣金件等	96	—
		阳极氧化			√			96	10
		导电氧化+户外粉				√		336	80
铝板	3003 (1, 1.2, 1.5, 2, 2.5, 3, 4)	导电氧化	√	√			插箱、导轨板、立柱、横梁、支架、插箱、门轴支撑片，钣金件	96	—
		导电氧化+室内粉		√	√		围框、门板、顶盖、地角安装板、钣金件	336	80
		导电氧化+户外粉				√	围框、门板、顶盖、遮阳罩	336	80
防锈铝板	5052 (0.3~10.0)	导电氧化	√	√			机柜门板、框架及较大的箱体外壳，或需要电磁屏蔽的结构件	96	—
		导电氧化+室内粉		√	√			240	80
		导电氧化+户外粉				√		336	80
		粗化+喷户外粉				√		336	80
铝板	6063/6061 (6.0, 8.0, 10.0, 12, 14, 16, 18)	导电氧化	√	√	√		机加工件	—	—
		导电氧化+户外粉				√		336	80
铝型材	6063/6061	不处理	√	√			走线架等结构件	48	—
		导电氧化		√			插箱横梁、小面板、散热器、把手、导轨等	96	—
		阳极氧化			√		散热器	96	10
		导电氧化+户外粉				√	插箱横梁、小面板、散热器、把手、导轨	366	80
		镀锡		√			铝导电排	48	10
压铸铝	ADC12	不处理	√	√			压铸零件，箱体等	—	—
		导电氧化+户外粉			√	√	户外箱体、外壳等	336	80

3. 铜材

铜材材质表面处理及应用推荐见表 3-15。

表 3-15　　　　　　　　　　　　铜材材质表面处理及应用推荐

材料	牌号	表面处理	使用环境				应用形式	中性盐雾/h	膜厚/μm
			C2	C3	C4	C5			
铜板	T2 紫铜	钝化	√				铜排、支座等	48	—
		镀镍				√	铜排、支座等	96	10
		镀金		√			连续式插针等	48	0.025
		镀锡		√	√		铜排、支座等	48	10
	H62 黄铜	镀镍		√			铜排	96	10
		镀三元合金		√			连接器	96	2.5
		镀锡		√			铜排	48	10
	铍青铜带	镀镍				√	屏蔽簧片	96	10
		镀金		√			连接器	48	0.025
		镀银		√			连接器	48	5
		镀锡	√	√	√		屏蔽簧片	48	10
铜棒	T2 紫铜	钝化	√				插针、支柱、屏蔽环等结构件	48	—
		镀镍				√		96	10
		镀锡		√	√			48	10
	H62 六角黄铜	镀镍				√	支柱等结构件	96	10
		镀锡		√	√			48	10

4. 锌合金

锌合金材质表面处理及应用推荐见表 3-16。

表 3-16　　　　　　　　　　　　锌合金材质表面处理及应用推荐

材料	牌号	表面处理	使用环境				应用形式	中性盐雾/h	膜厚/μm
			C2	C3	C4	C5			
锌基合金压铸件	AD12	镀镍		√	√		门锁、铰链、内部构件	96	10
		镀铬	√				门锁、铰链、内部构件	96	10

第4章 变流器装配工艺

4.1 机械装配前工艺准备

4.1.1 待装配零部件的初步检验

（1）钣金零部件冲裁部位不得有毛刺、飞边等表面缺陷。

（2）钣金零部件折弯件部位不得有裂纹、划痕、扭变、波纹、鼓包等表面缺陷。

（3）钣金零部件中的翻孔部位不得有裂纹、波纹、鼓包等表面缺陷。

（4）零部件中的焊接工艺位置不得有咬边、焊瘤、弧坑、穿孔、下陷、表面裂纹、错边、缩沟、焊渣飞溅等表面缺陷。

（5）零部件中的预埋工艺、铆接工艺位置应牢靠、无松动，螺纹无缺损、无腐蚀等；不允许有加工遗留物。

（6）零部件中的打磨工艺位置不得有波纹、凹坑、焊疤残留、焊渣残留、去角过度等表面缺陷。

（7）零部件的喷涂位置不得有缩孔、针孔、橘皮等表面缺陷、涂膜光泽良好。

4.1.2 待装配零部件的具体检验

1. 外观等级要求分类

对于产品的结构组成、各个结构零部件在柜体中的安装位置等，机械工程师以及现场工艺人员、质量检测人员应该有充分的了解，便于结构件质检。

（1）表面等级A。变流器产品中，最终客户可以直接看到的结构件的表面，主要是指柜体、箱体表面，其中前门均为可开门，侧门均为非可开门，后门针对不同的项目要求分为双开门、单开门及不可开门三种。

（2）表面等级B。变流器产品中，低于表面等级A，最终客户有可能看到的结构件的表面。主要有防护网、内部部件前面板等。

（3）表面等级C。变流器产品中，设备内部的结构件的表面。

2. 外观损伤分类

（1）轻微划痕：结构件表面的划痕细微，目视不能判断出宽度，深度不超出指甲划过的深度，长度不超过50mm。

（2）粗糙划痕：结构件表面的划痕弧长不超过25mm，并且宽度不超过0.25mm（最大），深度不超过0.127mm。

（3）表面磨损：结构件表面在一定区域范围内存在许多轻微划痕，在100mm直径范围内不超过 5 处轻微划痕。

（4）表面磨蚀：结构件表面有区域表面涂层已经剥离，露出基材。

（5）表面污染：色斑和褪色。观测必须在正常光线下进行，从垂直于结构件表面 500mm 方向观测；色斑和褪色不能超过 15mm 直径范围，每一个表面低于 3 处是允许的，相互之间距离不能小于 100mm。

（6）折弯痕迹：在自带表面处理材料中，折弯痕迹是允许的（如覆铝锌板，热浸锌板，铝板等）。折弯部位要能承受 96h 的中性盐雾试验。

3. 外观检验标准

结构件外观检验标准见表 4 - 1。

表 4 - 1　　　　　　　　　　　　　　外观检验标准

等级	轻微划痕	粗糙划痕	表面磨损	表面磨蚀	表面污染
表面等级 A	接受	接受	不接受	不接受	不接受
表面等级 B	接受	接受	接受	不接受	不接受
表面等级 C	接受	接受	接受	接受	不接受

4.1.3　结构尺寸检验标准

电力电子产品中，结构零部件的尺寸公差要求如下：

（1）公差原则按照《产品几何技术规范（GPS）基础 概念、原则和规则》（GB/T 4249—2018）执行。

（2）标注线性尺寸公差等级为《一般公差　未注公差的线性和角度尺寸的公差》（GB/T 1804—2000）中的 f 等级。

（3）对于结构件或者装配体尺寸有公差范围要求的，按照技术文件要求检验。

4.1.4　零部件检验文件

对每一个待装配结构零部件，需要提供完整的结构件检验文件，包括外观检测、尺寸检测，以纸质方式提供：零部件清单明细以及对应的检验文件、装配图纸、装配工艺流程图、装配现场工艺卡。

4.1.5　装配工具

装配工具主要有扭矩扳手、螺丝刀、扳手。

4.2　紧固件技术要求

4.2.1　紧固件材质和表面处理

装配用紧固件材质和表面处理见表 4 - 2。表 4 - 2 所示均为机柜内、箱体内所用紧固件。

柜体、箱体所用紧固件参照第 3 章表 3-12。

表 4-2 　　　　　　　　　　　　　　　　　　**紧固件材质和表面处理**

分类	常温型 C2		高原型/低温型 C3		近海型 C4		海上型 C5	
	基材	表面处理	基材	表面处理	基材	表面处理	基材	表面处理
≥M6 的螺栓，弹垫，平垫，螺母	碳钢	镀彩锌	碳钢	镀彩锌	碳钢	达克罗	碳钢	达克罗
＜M6 的螺栓，弹垫，平垫，螺母	碳钢	镀彩锌	碳钢	镀彩锌	不锈钢 304	—	不锈钢 304	钝化
自攻螺钉	碳钢	镀彩锌	碳钢	镀彩锌	碳钢	达克罗	碳钢	达克罗
卡式螺母	碳钢	镀彩锌	碳钢	镀彩锌	不锈钢 304	—	不锈钢 304	钝化
压舌螺母	锌铝合金	—	锌铝合金	—	锌铝合金	镀镍	锌铝合金	镀锌镍合金

注：1. 达克罗涂层，2 级涂层等级《锌铬涂层　技术条件》(GB/T 18684—2002)。

　　2. 碳钢材质强度不小于 8.8 级。

　　3. 不锈钢材质，强度不小于 A2-70。

4.2.2 紧固件力矩规定

表 4-3 为通用螺栓紧固力矩，如组件或器件对力矩有特殊要求，按照组件或器件的要求执行。

表 4-3 　　　　　　　　　　　　　　　　　　**通用螺栓紧固力矩**

螺纹规格	拧紧力矩/(N·m)			拧紧器具（扳手）	检具
	性能等级 5.6	性能等级 8.8	性能等级 10.9		
M6	5～7	9～11	12～14	10	扭力扳手 100N·m
M8	12～15	21～25	29～35	14	扭力扳手 100N·m
M8×1	14～18	22～27	32～39	14	扭力扳手 100N·m
M10	24～30	41～51	58～71	17	扭力扳手 100N·m
M10×1.25	28～32	45～55	63～77	17	扭力扳手 100N·m
M10×1	30～36	46～56	65～79	17	扭力扳手 100N·m
M12	42～53	73～89	105～128	19	扭力扳手 200N·m
M12×1.5	44～56	75～92	106～130	19	扭力扳手 200N·m
M12×1.25	47～60	78～96	113～138	19	扭力扳手 200N·m
M14	72～87	122～149	160～195	22	扭力扳手 200N·m
M14×1.5	80～96	126～154	178～218	22	扭力扳手 300N·m

螺纹	拧紧力矩/(N·m)			拧紧器具	检具
规格	性能等级 5.6	性能等级 8.8	性能等级 10.9	（扳手）	
M16	108～127	182～222	247～290	24	扭力扳手 750N·m
M16×1.5	116～144	199～243	265～311	24	扭力扳手 750N·m
M18	156～180	243～285	380～437	27	扭力扳手 750N·m
M18×1.5	162～192	287～336	397～457	27	扭力扳手 750N·m
M20	216～243	389～456	486～546	30	扭力扳手 750N·m

4.2.3　紧固件装配要求

（1）螺栓的使用规格及穿入方向、垫圈的加垫位置及数量应符合设计图纸及验收规范的规定。主回路的固定应为螺栓加 2 片平垫及 1 片弹垫和螺母，螺母一侧应加弹垫和平垫，弹垫在螺母和平垫之间，紧固螺母应朝向维护侧，严格执行紧固后露出螺母 2～3 牙。螺钉连接时螺钉头一侧应加弹垫和平垫，弹垫在螺钉头与平垫之间。

（2）同直径不同长度螺杆的螺栓不应混用。

（3）螺杆应与构件平面垂直，螺栓头与构件的接触处不应有空隙。

（4）螺杆与螺母的螺纹有滑牙或螺母的棱角磨损以致扳手打滑的螺栓必须更换。

（5）螺钉、螺栓和螺母拧紧后，其支承面应与被紧固零件贴合，紧固后必须画上防松线。安装器件时应优先使用原配的紧固件进行安装。

（6）选用紧固螺栓螺纹规格应大小合适，螺纹规格与固定孔直径差应小于 3mm。

（7）前门、后门、侧门、后门上的风机、顶盖、顶框和底框的连接紧固件，在设备整修完出厂前使用螺纹胶加固。

4.2.4　涂打防松线要求

（1）使用工具：油漆记号笔。

（2）线条宽度：1.5～2mm。

（3）涂打说明及要求：以下所指基材的表面均指距平垫外沿 5～10mm 处，紧固件中无平垫的，基材的表面是指距螺栓、螺钉或螺母侧面 5～10mm 处。需在螺母端画防松线的，对于露出螺栓长度为 5mm 以内的，防松线涂满整个螺栓；对于露出螺纹长度大于 5mm 的螺栓，螺栓上的防松线长度在 5～15mm 范围内。涂打防松线以前，须将溢流到紧固件外的螺纹锁固剂、二硫化钼等油脂擦拭干净；同一部件、同一批次的防松线要保持一致、美观。

（4）涂打方法：紧固件为 M8 及 M8 以上的，用红黑平行线条表示，自检时用黑笔涂打，互检时用红笔涂打；两条平行线间距为 2～3mm，见表 4-4。紧固件为 M8 以下的，用一条黑线和一个红点表示，自检时用黑笔涂打，互检时用红笔涂打，见表 4-5。

表 4 - 4   M8 及 M8 以上防松线涂打方法

类别	螺母	螺栓	螺钉
实例			
说明	在可视部位从螺母的侧面及螺纹处涂打到基材的表面	在可视部位从螺栓的头部中心位置附近涂打到基材的表面	在可视部位从螺钉的头部中心位置附近涂打到基材的表面

表 4 - 5   M8 以下防松线涂打方法

类别	螺母	螺栓	螺钉
实例			
说明	在可视部位从螺母的侧面及螺纹处涂打到基材的表面，红点在螺母上邻近黑线的可视部位涂打	在可视部位黑线从螺栓的头部中心位置附近涂打到基材的表面，红点在螺栓上邻近黑线的可视部位涂打	在可视部位黑线从螺钉的头部中心位置附近涂打到基材的表面，红点在螺钉头上邻近黑线的可视部位涂打

4.3 通用装配工艺

（1）装配应严格按照装配图、工艺文件及三维模型执行。

（2）油漆未干的零件不得进行装配。

（3）相对运动的零件，装配时接触面间应加润滑油（脂）。

（4）装配结合件时，结合面间不允许放入设计或工艺文件中未规定的垫片等物件，更不允许用不合理的方法（如锤击、冲坑）来改变结合面。

4.3.1 密封件安装

（1）涂胶条密封（常用位置为机柜门、机箱门、顶盖处等）。严格按照图纸位置，进行发泡涂胶作业。

（2）三元乙丙（EPDM）密封条密封（柜间、柜门与框架间等）。严格按照图纸和技术文件要求选型和安装。

（3）岩棉密封（常用位置为风道密封）。严格按照图纸尺寸加工，粘贴位置应按图纸严格确认。

（4）密封条密封（常用位置为风道口、主水管出口处等）。应保证所选型号与应用位置相适合。

4.3.2　35 型导轨、线槽安装

（1）导轨的安装必须在其他元器件安装前进行。

（2）导轨安装不论是在框架还是在面板上，都必须水平安装，且安装导轨即使再短也必须有两个安装固定点，不然存在扭转风险，随着安装导轨长度的增加，必须相应增加安装固定点。

（3）线槽的安装应在其他元器件安装完毕后进行，否则线槽会妨碍其他安装作业，其他安装作业也可能对线槽造成伤害。

（4）线槽不允许敷设在母线或元器件上，应远离发热元件。

（5）面板上竖向线槽和横向线槽相交的位置，要求采用横向线槽夹持住竖向线槽的设计，预防竖向线槽盖脱落。

（6）固定线槽内部的紧固件头部用玻璃胶点胶覆盖，防止磨损电缆；走线拐角处采用锯齿形弧线套保护线槽。

4.3.3　塑料板件装配

（1）环氧板。GPO 板作为绝缘件固定铜排或结构件等，此类绝缘板件安装时应注意扭矩不易过大，防止板件表面变形或损坏，在表 4 - 3 紧固件力矩规定中的力矩适当减少 10%。

（2）亚克力板。PC 板作为绝缘板隔离使用等，此类绝缘板件安装时应注意扭矩不宜过大，防止板件表面变形或损坏，在表 4 - 3 紧固件力矩规定中的力矩适当减少 20%。

（3）绝缘子安装时注意所选螺栓型号是否合适，尤其是长度要注意，螺杆长度选取应以带平弹垫且旋紧螺栓后距离绝缘子底部留有 3～5mm 为宜。

4.3.4　装配完毕后清洁与检验

机械装配完毕后，应进行清理，不允许有残留的金属屑以及其他杂物。装配检验以下项目：

（1）检验产品的感观质量，外部零部件整齐无损伤、无锈蚀。

（2）柜体之间的拼接及装配，要求装配良好，拼接处无大的缝隙及偏移。

（3）壳体外表面不可有脏污、刮伤、水口、缩水、色点、毛刺、破损等。

（4）所有螺栓需装配到位，无漏装、滑丝等，划线清晰。

（5）所有标签粘贴到位，无脏污、破损、字迹模糊、贴装倾斜、反向等。

（6）各表面不应存在锐角、飞边、毛刺、残漆、污物等。

（7）产品内部无松动部件及异物残留，晃动时无异常响动。

4.4 母线装配工艺

4.4.1 一般要求

（1）母线表面应光洁平整，不应有明显的划痕、气孔、凹陷、起皮、裂纹、褶皱、夹杂物及变形和扭曲现象，加工后不得有明显的锤痕及弯曲处不应有裂口或裂纹。螺栓连接的母线搭接面应平整，其镀层应均匀，不应有麻面、起皮及未覆盖的部分。

（2）母线与设备接线端子连接时，不应使接线端子承受过大的侧向应力。

（3）母线原则上应该套热缩套管，热缩套管使用温度、电压和阻燃等级需满足要求。

（4）母线的相序排列和标识颜色，当设计无要求时应符合表4-6的规定。

表4-6　　　　　　　　　　　　　母线相序和标识颜色

组别	母线标识颜色	母线安装相互位置		
		垂直布置	前后布置	水平布置
A相	黄	上	后	左
B相	绿	中	中	中
C相	红	下	前	右
正极	棕	上	后	左
负极	蓝	下	前	右
中性线	淡蓝色	最下	最前	最右

注：安装位置按柜（屏）的正视方向。

4.4.2 硬母排安装

（1）铜排安装时注意要保持铜排表面清洁，必须带干净手套进行装配作业，应检查铜排是否有明显变形，表面是否存在明显缺陷；铜排连接处推荐涂电力复合脂。

（2）螺栓连接的母线搭接面应平整，其镀层应均匀，不应有麻面、起皮及未覆盖的部分。

（3）铜排在搬动时，不得在地上拖动，不得混乱叠压，以免在搬运过程中有机械损伤，应保持金属材料的光泽。

（4）接地母线安装完毕，应加贴接地标志"⏚"。

（5）铜排搭接面的质量检验应使用力矩扳手，参照表4-3通用螺栓紧固力矩。

（6）母线与设备接线端子连接时，不应使接线端子承受过大的侧向应力；母线的相序排列和标识颜色，当设计无要求时应符合表4-6的规定。

（7）铜排在安装过程中，需要按照表4-6的颜色表示，对于电气间隙不够的地方需套装热缩套管。套管直径采用与铜排周长最接近一个标准型号。套管安装位置从铜排4个孔的中心距80mm的距离或2个孔的中心间距40mm的距离开始裁剪装配。

（8）铜排与铜排或铜排与电器接线端子的螺栓搭接面的安装，应符合 4.2.3 的要求。

（9）母排安装完成后，必须检验母排搭接贴合度，对于有肉眼可见的缝隙时，必须用塞尺检验母排贴合度。检验标准为用 0.03mm 塞尺以任意方向塞入铜排搭接面，塞入深度不得超过搭接长度的 12.5%。

4.4.3　软连接母排安装

电力电子产品中常用的软连接母排有软连接、软母排和铜编织带，主要用于安装空间狭小、母排成形不规则的场合。

1. 软连接安装

软连接多层 0.05～0.3mm 叠压在一起组合而成的软母排，其柔软性高、载流量大。其端头制造工艺一般采用压焊或者钎焊工艺，保证铜端头平整、连接可靠。软连接如图 4-1 所示。软连接的安装方式参考硬母排安装规范。

2. 软母排安装

软母排工作温度范围为－25～105℃，它易于弯曲，适合于不容易走硬母排或者需要防震的地方。软母排因

图 4-1　软连接

为有 PVC 绝缘外皮，其允许极小的安装间距，在端头上的处理与硬母排一致。软母排如图 4-2所示。

软母排安装过程需注意以下几点：

（1）不得划伤外层 PVC 绝缘外皮。

（2）搭接处不得出现边角处翘起变形的情况，安装要求和开孔方式与硬母排一致。

3. 铜编织带安装

铜编织带采用优质圆铜线（0.10，0.15，0.20）或镀锡软圆铜线（0.10，0.15）以多股经单层或多层编织成，端头可以用端子压接或根据要求定制。铜编织带柔软度极高，可以反复弯曲，不易折断，常用作柜门接地或震动器件的接地线。安装方式参考硬母线。铜编织带形状如图 4-3 所示。

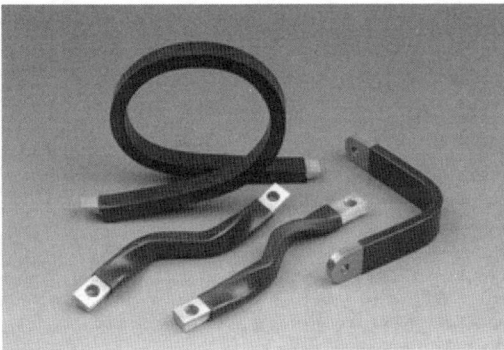

图 4-2　软母排

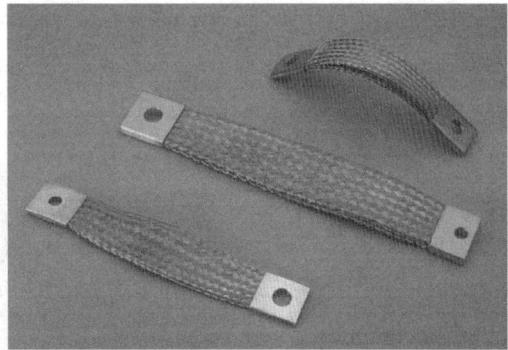

图 4-3　铜编织带

4.4.4 电缆安装

（1）电缆不得有扭结、松股、断股、严重腐蚀或其他明显的损伤。同一截面处损伤面积不得超过导电部分总截面积的 5%。

（2）导线盘的摆放方向应使导线自盘的上部抽出，放线过程中，导线不得与地面摩擦。

（3）线缆在柜内布线距离铜排、加热器、功率模块、发热电阻等热源应保持至少 20mm 的距离；冷压头与铜排或器件连接要保证接触紧密，接触面积足够；若线缆在柜底或易与机柜产生摩擦，需要将线缆套上波纹管，如图 4-4 所示。

图 4-4 线缆套上波纹套管保护

（4）电线电缆冷压连接。常用的线缆冷压头如图 4-5 所示。

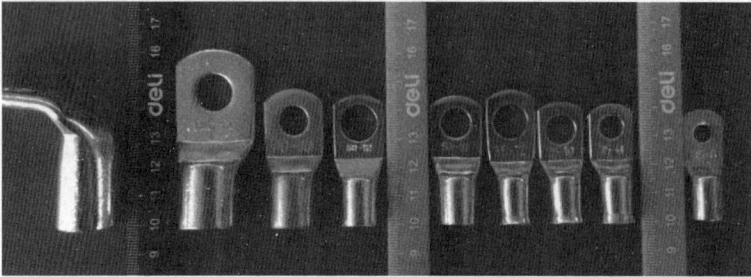

图 4-5 常用冷压头

电线电缆冷压，需先按表 4-7 对线缆进行剥线，然后将黄、绿、红或黑色热缩套管套在线缆上，热缩管长度稍长于剥线长度，最后使用专用液压工具对冷压头冷压，用热风机将热缩管收缩，压成如图 4-6 所示。每个月需校验导线拉力试验负载值，以检验压线工艺和压线工具。

图 4-6 电线电缆冷压后效果

表 4 - 7　　　　　　　　电线电缆冷压连接剥线长度、冷压头规格和拉力试验负载值

导线截面积/mm²	25	35	50	70	120	120
剥头长度/mm	16～18	16～18	16～18	18～20	20～22	28～30
冷压头规格型号	SC25 - 6 SC25 - 8 SC25 - 10 SC25 - 12	SC35－6 SC35 - 8 SC35 - 10 SC35 - 12	SC50 - 10 SC50 - 12	SC70 - 10	SC120 - 12	90°铜接头 G9012016
拉力负荷值/N	1200	1500	1800	2200	3500	3500

4.5　主要电气件装配工艺

4.5.1　断路器安装

1. 一般要求

（1）常用框架断路器连接方式有如下两种，如图 4 - 7 所示。

（2）运行电压大于 500V，必须使用相间隔板用来加强排间的绝缘，隔板垂直安装在前连接端子和后连接端子之间。

（3）断路器安装完成之后，必须安装断路器接地线。

（4）断路器上柜固定后，需要重点防护断路器上方的绝缘栅、触点等处，防止有线头等杂物掉入绝缘栅、触点内。

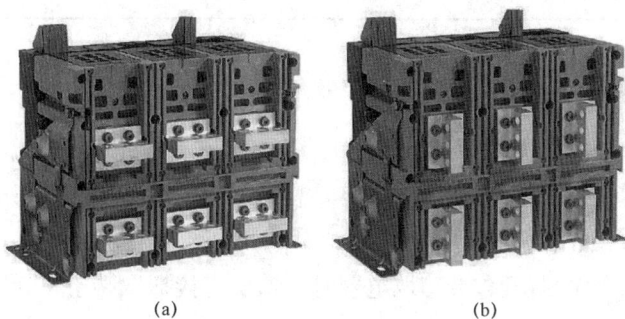

图 4 - 7　断路器两种接线端子
（a）水平；（b）垂直

（5）出厂之前要检查断路器储能和分合在"OFF"状态。

（6）连接端子与接触面应连接紧密，不应有缝隙。

2. 断路器端子安装力矩

断路器端子连接螺栓及力矩见表 4 - 8。

表 4 - 8　　　　　　　　断路器端子连接螺栓及力矩

母线端子螺栓	母线端子连接拧紧力矩	备注
M10 等级 8.8	50N·m接触垫圈	按国标要求安装使用防松螺栓或断路器自带螺栓
M12 等级 8.8	70N·m接触垫圈	

4.5.2 接触器安装

1. 一般要求

（1）连接端子与母线接触面应连接紧密，不应有缝隙。

（2）接触器控制线包需安装线包 RC 吸收模块，请参考 RC 吸收的说明书。

（3）对于运行电压大于 500V，必须使用相间隔板用来加强排间的绝缘，隔板为接触器随机附件，在接触器包装箱内，隔板垂直安装在前连接端子和后连接端子之间，如图 4-8 所示。

图 4-8　接触器和相间隔板

2. 接触器端子安装力矩

接触器端子连接螺栓及力矩见表 4-9。

表 4-9　　　　　　　　　　　　　接触器端子连接螺栓及力矩

母线端子螺栓	母线端子连接拧紧力矩	备注
M10 等级 8.8	35N·m	母线端子使用防松螺母
M12 等级 8.8	58N·m	母线端子使用防松螺母

4.5.3 电容安装

1. 一般要求

（1）对于三相滤波电容安装，多个电容器并联，每个电容器采用直接连接到母线上的方式，如图 4-9 所示。

（2）打开包装箱取电容时，请勿直接抓取端子，如图 4-10 所示。

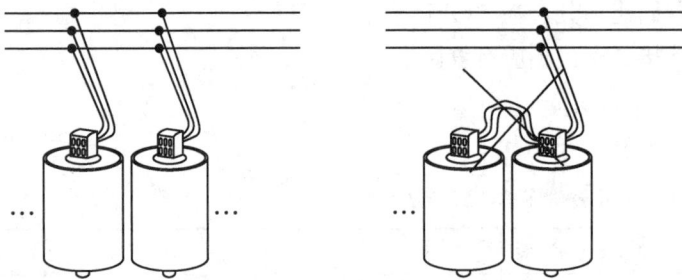

图 4-9　电容电缆连接

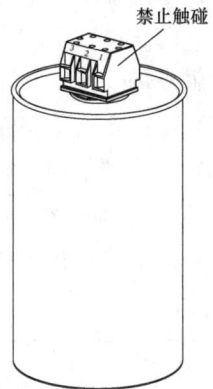

禁止触碰

图 4-10　电容禁止取拿方式

2. 电容端子安装力矩

不同电容安装和端子连接见表 4-10。

表 4-10   不同电容连接螺栓及力矩

安装螺栓	安装力矩（max）	母线端子连接	拧紧力矩（max）
底部螺栓 M12	15N·m	M6×10	4N·m
底部螺栓 M12	15N·m	M6×9.5	5N·m
底部螺栓 M12	8N·m	M6×10	4.5N·m
底部螺栓 M12	15N·m	T20 内六角	3.2～3.7N·m
底部螺栓 M12	10N·m	十字螺栓	3.2～3.7N·m

4.5.4　快熔安装

1. 一般要求

（1）快熔要与铜排或者压头完全贴合，增大接触面积。

（2）螺栓不能太长，否则超过螺纹孔，会造成螺孔的损坏，推荐按照表 4-11 选择螺栓。

（3）安装快熔指示器时，要注意朝向，方便观察和更换。

2. 快熔盲孔及建议螺栓

快熔盲孔及建议螺栓见表 4-11。

表 4-11   快熔盲孔及建议螺栓

盲孔	建议螺栓	力矩
M812mm 深	2×M8×（10+排厚）	18N·m
M109mm 深	2×M10×（12+排厚）	26N·m
M1010mm 深	2×M10×（12+排厚）	36N·m
M129mm 深	2×M12×（12+排厚）	46N·m
M1212mm 深	2×M12×（14+排厚）	50N·m
M1212mm 深	2×M12×（14+排厚）	50N·m

4.5.5　电抗器/变压器安装

（1）在打开外包装后注意检查电抗器和变压器线包、引出排/端子以及其他外观，查看是否有明显损伤和扭曲；要特别注意检查电抗器引出排垂直度或水平度，以防止出现电抗器引出排和铜排接触面过小问题。

（2）安装过程和结束后需做好防护，防止异物掉入线包中。

（3）柜内电缆不能搭接到电抗器/变压器上，防止高温造成电缆损伤。

（4）安装电抗器时要注意进、出线方向，注意从结构图上看出进、出线铜排的不同，可以使用桁吊、铲车、液压车安装电抗器，安装到位后，如有条件要用双螺母进行紧固。

（5）安装电抗器过程中，请勿直接拽引出铜排，以免铜排发生变形，影响装配和电抗器性能。

4.5.6　风机安装

电力电子产品中,风机共包括带蜗壳离心风机、无蜗壳离心风机、轴流风机以及柜门过滤器风机四种。风机安装注意事项如下:

(1)安装时需要根据工艺要求确定风机安装方向,基本上所有风机本体上都标有旋转方向和风向的指示箭头。

(2)如果没有特殊要求,柜门上安装的风机风向一般为从柜内向柜外排风。对于柜门上安装的过滤风扇,风向如果不对,需要调整风机安装方向。

(3)所有风机的电源线和反馈线需要固定好,以防止线缆被旋转的风机或其他部件损伤。

(4)无蜗壳离心风机安装孔一般为 M6,M4 螺纹盲孔,在安装端面上对安装螺钉深入长度有严格规定,安装前需要确认螺钉长度是否满足要求,否则有螺钉过长导致电机绕组绝缘击穿风险。以 2mm 风机安装板为例,M4 组合螺栓的弹垫、平垫片总厚度是 1.8mm,要求进入盲孔的螺栓长度不超过 5mm,则最长的螺栓应选择 M4×8。螺栓选型可根据安装板厚调整。

4.5.7　熔断器式隔离开关安装

(1)熔断器式隔离开关进出线电缆接头螺栓规格和力矩应符合要求。

(2)安装完成后需将操作手柄推到位。

(3)熔断器式隔离开关安装之前,先要拆下防护盖板和接线挡板,然后用 4 个 M6 的螺栓固定,导线电缆不超过 70mm²,从左到右依次为 A 相、B 相和 C 相,拧紧力矩为 14N·m。

4.5.8　UPS 安装

(1)在设备安装开始前,应该做好地线准备。

(2)现场应整洁干燥无尘埃。

(3)UPS 在安装过程中,不得开机,防止触电。

4.5.9　蓄电池组的安装

(1)多组铅酸蓄电池在串联过程中电压逐渐升高会造成配线工人触电,配线工人必须佩戴绝缘手套操作。

(2)铅酸蓄电池自带排气阀,在设计以及安装蓄电池的时候严禁堵住排气阀。

4.6　半导体核心组件装配工艺

4.6.1　环境要求

电力电子半导体器件的存储、工作环境应符合表 4-12 的要求。

表 4 - 12　　　　　　　　　　　　　　电力电子器件存储、工作环境

项目	内容要素	具体要求
存储	温、湿度	温度 5～40℃、湿度 5％～85％
	没有明显生物（动物和植物）危害	没有霉菌生长和动物危害
	已采用防尘设施以使尘的含量减至最小	飘尘小于 0.01mg/m³，沉降小于 0.4mg/(m² · h)
	环境不能有冷凝水、化学沉淀或结冰	—
工作环境	场地平整	应保证工作台放置后无倾斜和晃动
	工作厂房内要保持恒温恒湿	温度控制在 5～35℃，湿度应不超过 85％，避免温度、湿度的急剧变化，特别是模块的表面不能结露
	保证工作区的洁净度	工作区应保证尘埃少，无腐蚀性气体存在，配备小型吸尘器
	场地应采取防静电措施	铺设防静电地板、接地端子、台面铺设防静电胶板、工作人员要穿戴静电防护工具，避免 IGBT 在生产过程中被静电击穿

4.6.2　常用半导体模块

当前在大功率电力电子产品中，常用的半导体 IGBT 模块主要为国外进口模块，主要厂家为英飞凌、塞米控、富士等海外品牌，整流模块则有部分国产厂家，如图 4 - 11～图 4 - 13 所示。

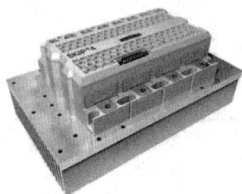

图 4 - 11　塞米控 SKiiP 冷板一体模块

图 4 - 12　表贴型 IGBT 模块

4.6.3　半导体器件盲孔深及力矩

半导体器件端子连接的盲孔深和拧紧力矩见表 4 - 13，模块安装必须注意端子的盲孔深度，并根据盲孔深度及连接结构件选用合适的螺栓长度，并按照力矩要求拧紧螺栓。

图 4 - 13　表贴型整流模块

表 4 - 13　　　　　常用半导体端子连接的盲孔深和拧紧力矩

母线端子盲孔深及拧紧力矩			类型
直流端	交流端	驱动端子	
12×M6 11mm深 6～8N · m	6×M8 14mm深 13～15N · m	—	SKiiPIPM

续表

母线端子盲孔深及拧紧力矩			类型
直流端	交流端	驱动端子	
8×M6 11mm深 6～8N·m	4×M8 14mm深 13～15N·m	—	SKiiPIPM
6×M6 11mm深 6～8N·m	3×M8 14mm深 13～15N·m	—	SKiiP IPM
4×M6 10mm深 2.5～5N·m		7×ST2.5 8.5mm深 0.6N·m±10%	Semix
6×M8 16mm深 8～10N·m		3×M4 8mm深 1.7～2.5N·m	PrimePACK
6×M8 16mm深 8～10N·m		3×M4 8mm深 2N·m	
6×M8 16mm深 8～10N·m		7×M4 8mm深 2N·m	
4×M8 16mm深 8～10N·m		7×M4 8mm深 2N·m	EconoDUAL
4×M6 10mm深 3～6N·m		4×ST2.5 10mm深 0.65N·m	
5×M6 3N·m		—	裸管 自带螺栓

4.6.4 装配工具及工装

半导体核心组件装配工具及工装见表 4-14。

表 4-14　　　　　　　　　半导体核心组件装配工具及工装

工艺	设备与工具	规格要求	数量
导热硅脂涂覆丝网印刷台	钢网	370×470mm（示例）	1只
	工作台	310×410mm（示例）	1台
	印刷工具	200mm（示例）	1套
	治具	配套	1套
模块组装	生产线	自动或半自动	1套
	力矩电动起子	扭矩可调，最大扭矩大于 12N·m，有充电功能最佳	1只
	螺丝刀	—	若干
	套筒扳手	—	若干
	防静电手套	—	若干

4.6.5　防静电设备及使用

（1）厂内防静电地线。独立可靠的接地装置，接地电阻小于 10Ω，不得与电源零线、防雷线共用；设备和工作台接地不小于 1.5mm^2，支干线不小于 6mm^2，接地主干线不小于 100mm^2；防静电设备连接端子应接触可靠、易装拆，可使用鳄鱼夹、插头座等。

（2）防静电手环和接地插座。有线接地手环可通过腕带和地线，将人体身上的静电排放至大地。腕带对地电阻值为 $1\text{M}\Omega$。

（3）防静电手套。防静电手套可避免操作人员手指直接接触静电敏感元器件。

（4）防静电设备使用。接触静电敏感器件的人员必须穿戴防静电手环，腕带与人体皮肤有效接触。

（5）Primepack 模块出厂前，门级敷有保护铜箔来防止静电击穿，在安装驱动板之前要小心保护该铜箔不被碰掉或人为拿掉，不要用手触摸该段区域。Semix854 采用弹簧压接的，不要用手触摸任何弹簧端子。

4.6.6　装配工艺要点

（1）安装之前进行目测检验。层叠母排周边封胶完好，表面无划痕无损伤；直流电容本体无破损；散热器（或 IPM 散热器）无损伤，翅片内无杂物；模块结构件无缺陷、外表无损伤，铜排表面无损伤、无明显划痕。

（2）安装时注意保护模块的功率端子和驱动端子，防止有线头等杂物掉入。

（3）装配全程要求在防静电环境进行，装配人员需经过培训，佩戴防静电服和手套，不触摸 IGBT 端子和板件芯片。操作人员应佩戴防静电手环，且确保手环有效接地。

（4）模块、电容螺栓模块的端子选用螺栓长度时注意铜排、平垫、弹垫等厚度，盲孔中的螺栓吃入深度宜留 2～3 个扣。螺栓使用符合要求，力矩符合规定，所有 M6 及以上螺栓已画红色防松标识线。

（5）铜排安装平整，贴合度符合要求，铜排紧固使用符合要求的紧固螺栓。

（6）组件装配区域与测试区域要隔离，不允许与已测试好的成品放在一起。

4.6.7　SKiiP 冷板一体模块装配

SKiiP 冷板一体 IGBY 模块采用芯片蚀刻在散热冷板表面沟槽中，芯片和散热冷板为一体的，整体安装，装配工艺比较简单，省略了表贴工艺。装配时候的主要有以下注意点：

（1）SKiiP 系列 IPM 功率模块的驱动端子静电防护罩（图 4-14）具有导电性，不能将静电防护罩放到任何有电的地方，在安装 IPM 之前需将其收集并扔到垃圾桶中。

（2）SKiiP 系列 IPM 功率模块直流正、负之间安装吸收电容和层叠母排时，需要注意保护 IPM 功率模块正、负之间的绝缘层，并注意正、负之间的距离。

（3）IPM 功率端子各方向最大受力限值见图 4-15 和表 4-15。

图 4 - 14　IPM 静电防护罩

图 4 - 15　IPM 功率端子受力方向

表 4 - 15　　　　　　　　　　　　IPM 功率端子各方向最大受力限值

方向	受力限值	方向	受力限值
F_{+X}/F_{-X}	＜100N	$F_{+Z+}/$	＜100N
F_{+Y}/F_{-Y}	＜100N	F_{-Z+-}	＜200N

4. 6. 8　IGBT 表贴工艺

1. 工具

IGBT 表贴工具主要有工业酒精、棉布、袖珍式粗糙度仪、不锈钢刮刀、十字起、电动批子、记号笔等。

2. 贴装流程

IGBT 模块贴装流程如图 4 - 16 所示。

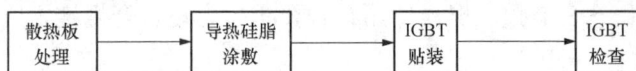

图 4 - 16　IGBT 模块贴装流程

3. 贴装要求

避免灰尘和油污；每 100mm 底面不平度小于 $50\mu m$；表面粗糙度小于 $10\mu m$；平面阶跃小于 $10\mu m$，如图 4 - 17 所示。导热硅脂厚度为 $50\sim100\mu m$；导热硅脂型号推荐道康宁 TC5625 系列。

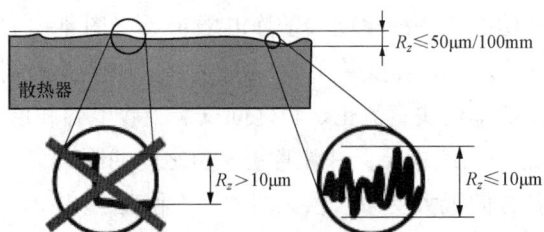

图 4 - 17　IGBT 模块贴装底面要求

4．贴装步骤

（1）散热器处理。

1）散热板表面处理：将散热板放置在工位上，用小刀去除其表面黏附的杂物，工业酒精擦拭其表面，并用洁净的棉布擦干，处理过程如图 4-18 所示。

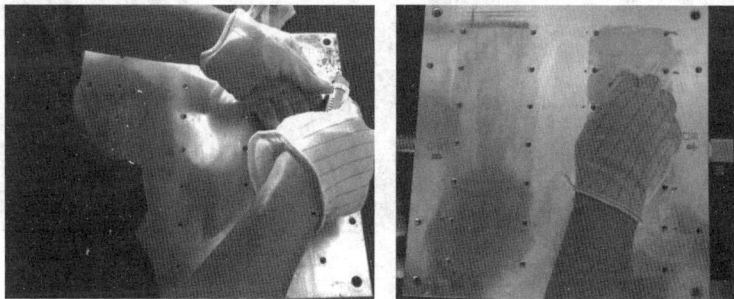

图 4-18　散热器表面处理

2）表面粗糙度测试：肉眼观察散热板有无明显划痕，使用粗糙度仪检测表面粗糙度，数值应小于 $10\mu m$，否则为不合格（从散热板两处不同位置测量表面粗糙度），粗糙度测试如图 4-19 所示。将合格的散热板装入专有工装中，并将其移至贴装工位上。

图 4-19　表面粗糙度测试

（2）导热硅脂涂覆。

1）将 IGBT 放到配套治具上，完毕后将其放到配套的丝网印刷台上，并对好位置，如图 4-20 所示。

图 4-20　丝网印刷台定位

2）将不锈钢网罩旋转放在 IGBT 上，挤出导热硅脂，使用不锈钢刮刀以 45°斜角方向从上至下均匀刮导热硅脂，要求每个网格内硅脂饱满（厚度为 0.1mm）。导热硅脂涂敷过程如图 4-21 所示。

图 4-21　导热硅脂涂覆

（3）IGBT 安装。

1）通过定位销将 IGBT 模块安装到散热器上，如图 4-22 所示。

2）压装固定螺栓，使用十字起旋紧螺栓，然后使用电动批子对螺栓紧固两次以确保压装的紧固，第一次扭矩为 1N·m，第二次扭矩为 6N·m。

（4）贴装检查。检查散热板与模块的方向是否符合要求；检查散热板与模块接缝处导热硅脂是否连续，允许有少量溢出；确认所有螺栓高度是否一致，弹片、垫片是否齐全，检查完后使用红笔记号笔对螺栓进行标记。

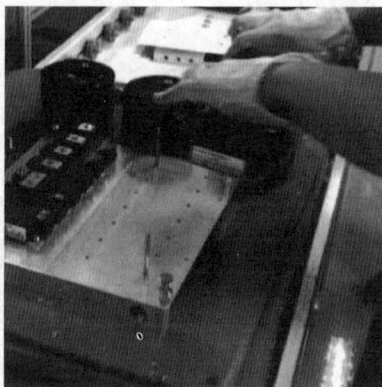

图 4-22　固定工装及 IGBT 模块固定

4.6.9　Semix 模块组件装配

1. 静电防护要求

Semix 系列模块对静电放电敏感，整个生产过程中确保使用防静电手套、静电手环并且接地良好，禁止用手直接接触模块。

2. 散热器要求

为了获得最大的热传导能力，同时为了防止 DBC 被压裂，散热器需具备以下要求：

（1）散热器表面无油脂或细小颗粒物。

（2）安装模块区域的平整度每 100mm 必须小于 $50\mu m$。

（3）表面粗糙度 $R_Z \leqslant 10\mu m$；没有超过 $10\mu m$ 的阶梯状台阶。

3. 导热硅脂要求

为了获得较好的热传导性能，安装模块时必须涂敷导热硅脂。推荐使用丝网印刷法，具体流程见 4.6.8IGBT 表贴工艺。

4. 模块到散热器安装

（1）先用 1N·m 扭矩预锁，再用 3～5N·m 扭矩锁紧，采用对角交叉的方式。

（2）使用强度等级为 8.8 的 M5 螺钉，为不影响绝缘，螺母和垫片的高度不超过 7mm。螺钉进入散热器的深度没有要求，以能达到锁紧要求即可，如图 4-23 所示。

5. 主功率端子安装

（1）建议拧紧力矩为 2.5～5N·m，进入端子的螺钉长度在 6.5～10mm 之间。

（2）建议使用强度等级为 8.8 的螺钉。

（3）主端子各方向最大拉力限制，如图 4-24 所示。

6. PCB 板安装

（1）建议使用 EJOP PT（A2F 表面的自攻螺钉），进入螺孔的螺钉长度要求 6～8.5mm，压接时弹簧压针不产生明显的倾斜。

（2）如果使用自动螺丝刀，要求使用扭矩冲击较小的电动螺丝刀，要求限制最大转速 300r/min。

（3）驱动板只能安装和拆卸 3 次。

（4）安装适配板时需要注意二次加工 CP 驱动并联板是否存在漏焊、虚焊现象。

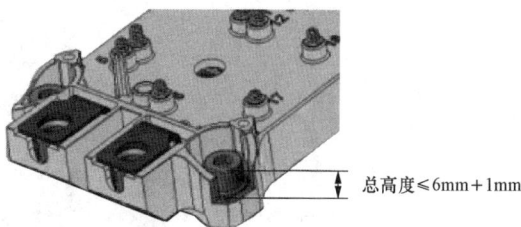

图 4-23 Semix 模块螺母＋垫片的最大高度

总高度≤6mm+1mm

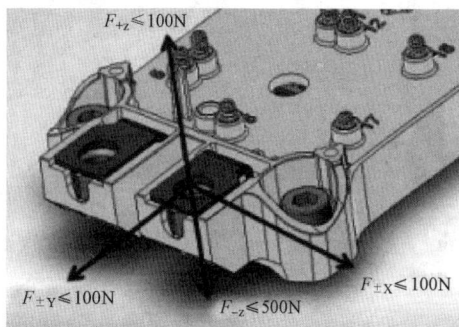

图 4-24 Semix 模块功率端子最大受力要求

$F_{+Z}\leqslant 100N$
$F_{\pm Y}\leqslant 100N$
$F_{-Z}\leqslant 500N$
$F_{\pm X}\leqslant 100N$

4.6.10 EconoDUAL 模块组件装配

1. 静电防护

为了防止静电放电造成 IGBT 的毁坏或过早损坏，整个生产过程中确保使用防静电手套、手环并且接地良好，禁止用手直接接触模块。

2. 散热器要求

（1）表面平整度≤30μm。

（2）表面粗糙度 $Rz\leqslant 10\mu$m。

3. 导热硅脂涂敷

为了获得较好的热传导性能，安装模块时必须涂敷导热硅脂。

4. 模块到散热器安装

（1）先用 0.5N·m 扭矩预锁，再用 3～5N·m 扭矩锁紧，采用对角交叉的方式。

（2）使用强度等级为 8.8 的 M5 螺钉。

5. 主功率端子安装

（1）建议拧紧力矩：2.5～5N·m，进入端子的螺钉长度在 6.5～10mm 之间。

（2）建议使用强度等级至少为 6.8 级的 M6 螺钉，旋入模块螺纹的最大深度不得超过 10mm。

（3）主端子各方向最大拉力限制如图 4-25 所示。

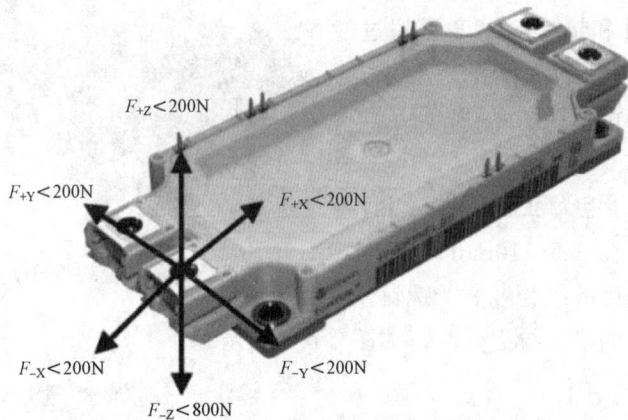

图 4-25 EconoDUAL 模块功率端子最大受力要求

6. PCB 板安装

(1) 建议使用 EJOP PT（A2F 表面的自攻螺钉），拧入支脚内有效螺纹长度为 4～10mm，安装过程中必须将螺钉垂直插入安装支脚，如图 4-26 所示。

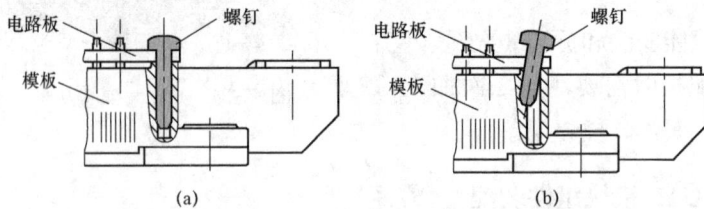

图 4-26 PCB 板螺钉拧入方式

(a) 正确装配；(b) 错误装配

(2) 焊接时既不能让焊接温度过高，也不能让焊接时间太长，以免辅助引脚导致塑料外壳因过温而变形。焊接过程中必须满足最高焊接温度为 260℃，最长焊接时间≤10s 的时间要求。

4.6.11 PrimePACK 模块组件装配

1. 静电防护

(1) 为了防止静电放电造成 IGBT 的毁坏或过早损坏，整个生产过程中确保使用防静电手套、静电手环并且接地良好，禁止用手直接接触模块。

(2) 散热器要求表面平整度≤$30\mu m$，表面粗糙度 Rz≤$10\mu m$。

2. 导热硅脂涂敷

为了获得较好的热传导性能，安装模块时必须涂敷导热硅脂。

3. 模块到散热器安装

(1) 先用 $1N \cdot m$ 扭矩预锁，再用 $6N \cdot m$ 扭矩锁紧，块固定安装顺序为 1—2—3—4—5—6—7—8—9—10—11—12—13—14，如图 4-27 所示。

（2）使用强度等级为 8.8 的 M5 螺钉。

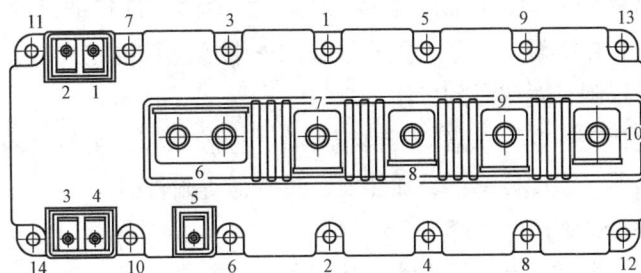

图 4 - 27　PrimePACK 模块装配顺序

4. 功率端子和驱动端子固定

（1）功率端子：M8 螺纹，力矩为 8～10N·m，最大深度不得超过 16mm。

（2）驱动端子：M4 螺纹，力矩为 2N·m，最大深度不得超过 8mm。

（3）主端子各方向最大拉力限制如图 4 - 28 所示。

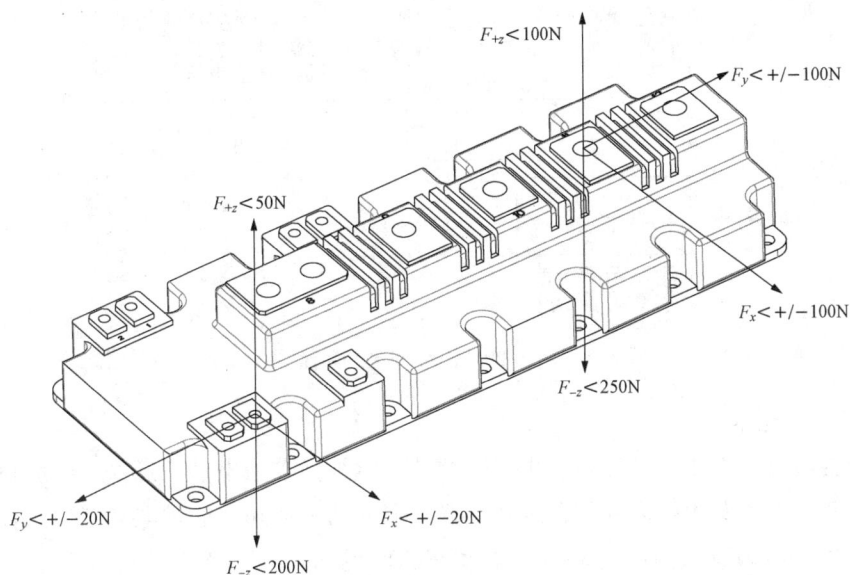

图 4 - 28　PrimePACK 模块最大受力要求

4.7　水冷管路装配工艺

4.7.1　水冷管路概述

在变流器产品中，特别是兆瓦级以上变流器，整柜耗散功率通常在几十千瓦以上，传统的强迫风冷散热方式已经不能满足变流器的散热需求，导热系数比气体冷却提高两个数量级的液体冷却方式已经成为大功率变流器散热方式的主流。其中水冷方式由于水的对流换热系数为空气自然换热系数的 150 倍以上，散热效率极高，同时它又没有因采用油冷方式而产生可能带来的污染和易燃的问题，得到了越来越广泛的关注。近年推出的密闭式冷却循环系统，冷却水不与大气直接接触，而通过风→水或水→水换能系统完成与大气的热交换，具有高效和节水的优点，得到日益广泛的应用。

水冷系统主要包括功率模块水路、不锈钢硬管、橡胶软管、泵站、外部风水换热器，以及压力表、压力传感器、温度传感器、加热器、过滤器等附件。

1. 阀体温控型水冷系统

阀体温控冷却系统由循环泵、压力罐、传感器、加热器、外部散热器、铜热电阻、机械三通阀等组成。循环泵工作后，通过感温三通阀机械控制内外循环，使冷却液体温度控制在一定范围内。当冷却液温度降至一定值时，外循环通道关闭，电加热器启动；当冷却液温度升至一定值时，外循环通道打开，外部散热器启动。如图 4 - 29 所示。

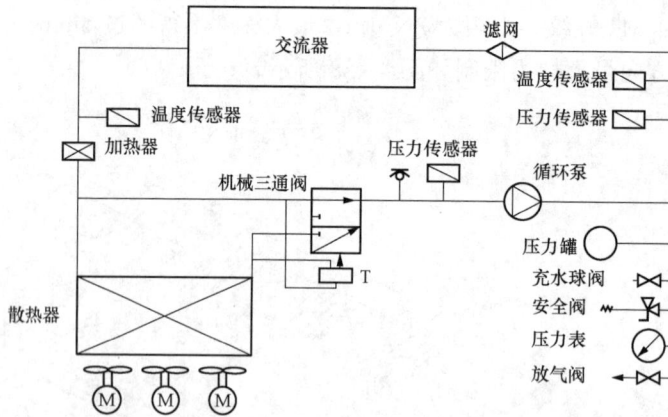

图 4 - 29　温控型水冷系统

2. 电动温控型水冷系统

电动温控冷却系统由主循环泵、机械过滤器、电加热器、电动三通阀、膨胀罐、外部散热器及管路等。在冷却本体内外管路之间设置一个电动三通阀，通过电动三通阀控制内外循环。控制器根据冷却液的温度自动调节电动三通阀的阀位。当冷却液温度低于正常工作值时，内循环通路打开，装在内循环管路上的电加热器根据控制要求对冷却液进行加热，通过冷却液的循环流动对变流系统进行强制温度补偿；当冷却液温度高于正常工作值时，外循环通路打开，同时根据温度需求控制散热电动机启停，如图 4 - 30 所示。

4.7.2　功率模块水路装配

1. 功率模块水冷板

在大功率电力电子产品中，水冷散热的对象主要是 IGBT（绝缘栅双极型晶体管）功率模块、IGBT 模块水冷板流量和芯片结温之间的关系，典型的 IGBT 水冷板等效热阻网络模型如图 4 - 31 所示。

典型的水冷板结构如图 4 - 32 所示，装配工艺主要为进水口和出水口水嘴的装配和水冷板的保压。

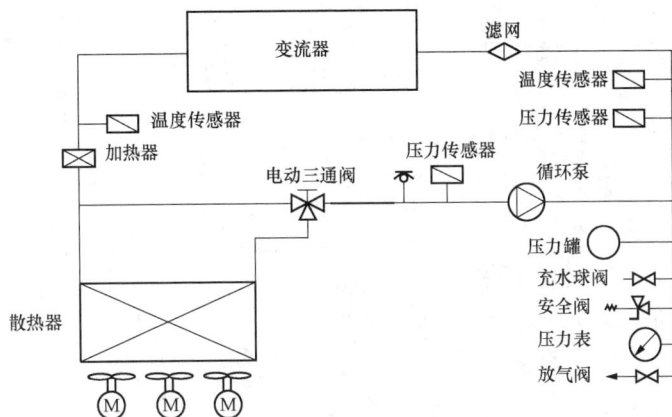

图 4-30　电动温控型水冷系统

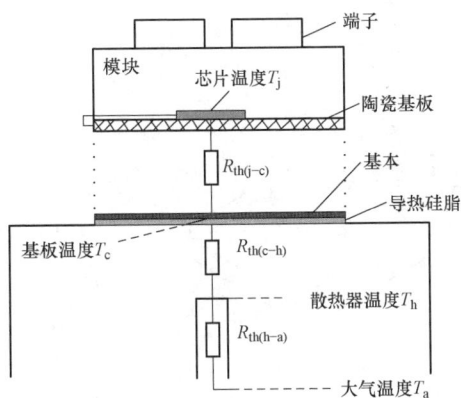

图 4-31　功率模块等效热阻网络模型

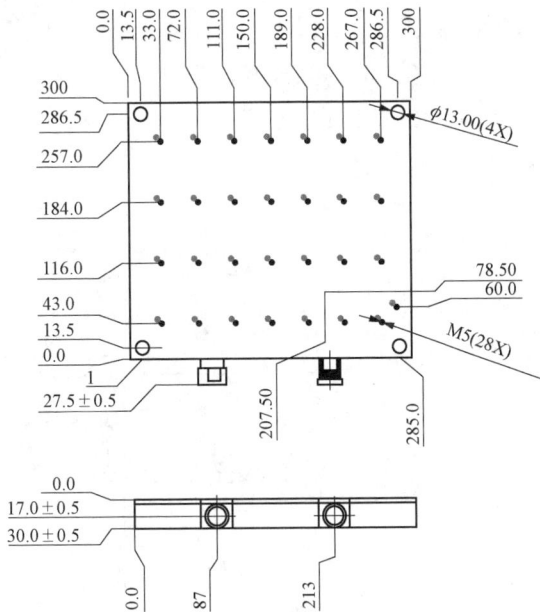

图 4-32　水冷板

2. 水冷板进出水接头装配工艺要求

（1）水冷板在接头安装前应进行装前检查工作：模块冷板螺纹连接处必须洁净完好、螺纹完好无缺失；检查模块、接头、配合面是否洁净及完好。

（2）水冷板外观完整，无明显磕碰裂痕等缺陷，两侧螺纹无损坏现象。采用止通塞规对模块螺纹进行测量，手工操作，通侧塞规可以完全旋进螺纹内部，止侧塞规最多可以旋进1圈。

（3）端面密封转接头材质均为304不锈钢，密封O形圈为氟硅橡胶或丁腈橡胶。采用环规对延长管螺纹进行测量，手动旋紧时，螺纹端部过第一平面不超出1牙。

（4）如果水冷板进出水位置为内螺纹，需要安装如图 4-33 所示端面密封转接头，安装在不锈钢基体力矩为 8N·m，安装在铝或者铜基体力矩为 6N·m。安装时需采用乐泰螺纹胶 545 涂敷固定。

（5）如果水冷板进出水位置采用法兰面密封方式，需要安装如图 4-34 所示法兰端面密封模块转接头，用 M4 螺钉拧紧，安装在不锈钢基体力矩为 1.4N·m，安装在铝或者铜基体力矩为 1.1N·m。

（6）模块端面密封转接头安装完成后，需要进行保压测试，保压介质为水和乙二醇的混合液，额定设计压力为 0.4MPa。功率模块上柜前测试内容见表 4-16。

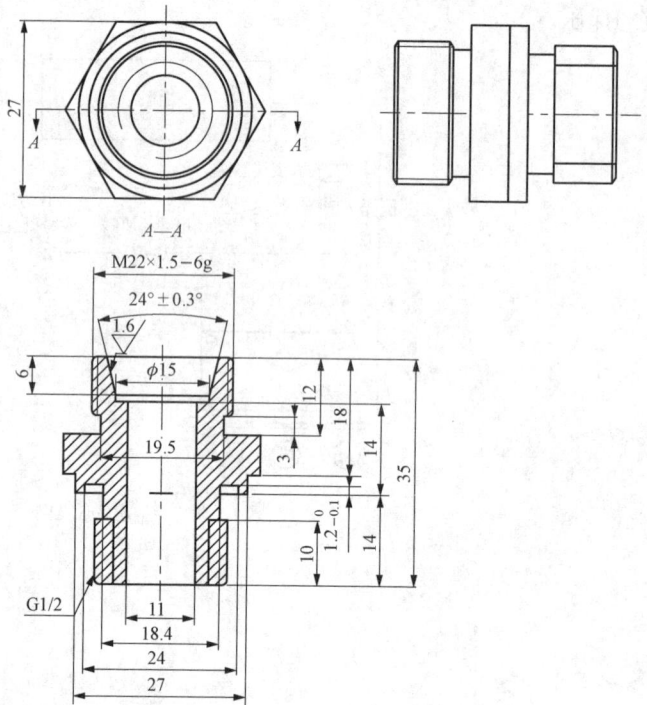

图 4-33　端面密封模块转接头

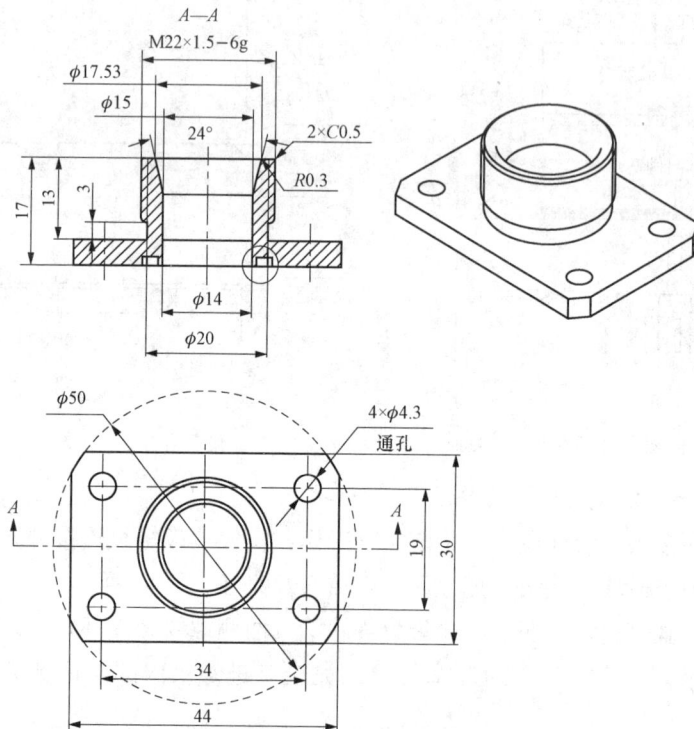

图 4-34　法兰端面密封模块转接头

表 4 - 16　　　　　　　　　　　　　　　　　功率模块上柜前测试内容

检查类型	检查项目	检查内容
水冷板转接头密封试验	外观检查	螺纹紧固线已经标示
	保压试验	1.5 倍设计压力，时间 1h，纸巾擦拭各焊接点和螺纹连接点不渗漏，压力无下降
抽检	抽检	本组测试被抽检，1.5 倍设计压力，保压时间 12h，纸巾擦拭各焊接点和螺纹连接点不渗漏，压力无下降

（7）模块水冷板经过上述实验后，要及时排干内部液体，防止上柜安装液体滴落在其他器件上。

4.7.3　柜内水冷管路装配

1. 柜内水冷管路组成

设备内部水冷管路由进水管路，出水管路两部分组成，通过柜内软管对功率模块水冷板、水冷电抗、风水换热器等水冷器件散热，同时还需要对水冷管路的温度、压力等进行监控，一套完整的柜内水冷管路主要器件见表 4 - 17。一套典型的柜内水冷管路示意图如图 4 - 35 所示。

表 4 - 17　　　　　　　　　　　　　　　柜内水冷管路主要器件

名称	用途	材质
供水管	设备进水管路	304 不锈钢
回水管	设备回水管路	304 不锈钢
软管	连接主管路及散热器件	橡胶
二片式球阀	控制水冷支路开关	主体不锈钢
三片式球阀	控制水冷主回路开关	主体不锈钢
压力表	读取系统压力值	主体不锈钢
压力传感器	软件采集系统压力值	主体不锈钢
温度传感器	软件采集温度压力值	主体不锈钢
排气阀	水路排气	铜镀镍
管路固定件及紧固件	固定进出水管路	304 不锈钢

2. 柜内水冷管路设计原则

根据设备空间及需求，不锈钢钢管直径不能过大。管内径可以根据流量和管道常用流速范围初定，一般液压系统，主管道流速 $v \leqslant 5\text{m/s}$，推荐不大于 3m/s，根据式（4 - 1）计算管径的最小内径。

$$d = \sqrt{\frac{4Q}{\pi v}} \qquad (4 - 1)$$

式中：d 为主管内径；v 为推荐的流速；Q 为系统流量。

管道系统的液体在流动的时候遇到阻力而造成其压力的下降，通常将之称为压降或者压损。压力损失分为沿程压力损失和局部压力损失。

（1）沿程压力损失。

沿程压力损失是指在管道中连续的、一致的压力损失。局部压力损失是指在管道系统内的特殊部件，由于其改变了水流的方向或者使得局部水流通道变窄（比如缩径、三通、接头、阀门、过滤器等）所造成的非连续性的压力损失。

工程上用于计算沿程压力损失的一般公式见式（4-2）。

$$h_f = \theta \left(\frac{L}{d} \right) \times \frac{v^2}{2g} \qquad (4-2)$$

式中：h_f 为延程压力损失；θ 为沿程阻力系数，也称达西系数；L 为管道长度；d 为管道内径；v 为液体平均流速；g 为重力加速度。

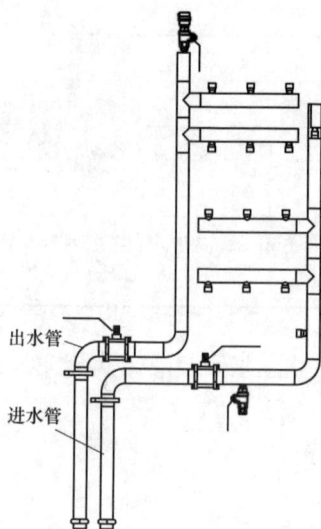

图 4-35　柜内水冷管路示意图

出水管
进水管

根据式（4-2），可以采用如下措施减少沿程压力损失：

1）减小管长 L。在满足工程需要和工作安全的前提下，管道长度应尽可能短些，尽量走直线，少拐弯。

2）适当增加管径 d。增加管径可以减小沿程阻力，使能量消耗减少。

3）减小管壁的绝对粗糙度 K。管道内壁应进行酸化，清洗。

4）用软管代替硬管可以减小流动阻力。流体的黏性越大，软管的管壁越薄，减小流动阻力的效果越好。

5）在流体内加入极少量的添加剂，使其影响流体内部结构以减小流体与固体壁面的摩擦阻力来实现减小流动阻力的目的。

（2）局部压力损失。

局部压力损失可分为两类：一类是由于过流断面变化（包括断面收缩和扩大）引起得局部损失；另一类是流动方向的变化（如弯头）引起的局部损失。

局部损失计算，工程上用于计算局部损失的一般公式见式（4-3）。

$$h_j = \delta \frac{v^2}{2g} \qquad (4-3)$$

式中：h_j 为管道中各处局部压力损失；δ 为局部阻力系数；v 为液体平均流速；g 为重力加速度。

根据式（4-3），减小局部阻力的着眼点应在于避免旋涡区的产生及减小旋涡区的大小和强度。

1）在管道系统允许的条件下，尽量减少弯头、阀门等管件的安装数量，以减小整个系统的 δ 值。

2）对于管道系统必须安装的管件，可以从改善管件的边壁形状入手来减小局部阻力。

①采用渐变的、平顺的管道进口有利于减少阻力。圆形进口比锐缘进口的阻力系数小

50%，流线形的进口比锐缘进口阻力系数小 90%。

②采用扩散角较小的渐扩管有利于减少阻力。

③对于截面较大的弯道，加大曲率半径或内装导流叶片可以使局部阻力系数减小。在弯道内设置导流叶片，可使流体流动与管道壁面较好地吻合，从而避免流体与壁面的分离，减小或消灭旋涡区。

④减小支流管与总管之间的夹角，即使切割成 45°的斜角都能减小阻力，如能改为圆角则性能会更好。

3. 柜内水路的连接方式

柜内水路管路有多种连接方式，主要有硬管之间、硬管与软管之间连接。

（1）硬管间连接方式。

1）卡扣式连接。卡扣式连接是最常用连接方式，简单、易装配，可靠性稍差，最常用的为 ISO IDF 标准卡扣规格见表 4 - 18。每一个卡扣位置需要配套相应的卡箍和卡箍垫圈。

表 4 - 18　　　　　　　　　　　ISO IDF 标准卡扣规格

规格	D/mm	D_1/mm	H/mm
0.5in	12.7	25.4	21.5
0.75in	19.1	25.4	21.5
1in	25.4	50.5	21.5
1.25in	31.8	50.5	21.5
1.5in	38.1	50.5	21.5
45mm	45	64	21.5
2in	50.8	64	21.5
57mm	57	77.5	21.5
2.5in	63.5	77.5	21.5
3in	76.2	91	21.5
3.5in	89	106	21.5
4in	101.6	119	21.5
108mm	108	119/130	21.5
114.3mm	114.3	130	21.5
133mm	133	155	28

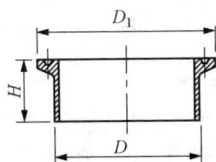

2）法兰式连接。法兰式连接主要用于主回路，可靠性要求高的部位，装配复杂、可靠性高，需要配套相应的密封垫片，标准的 SAE 2.5in 法兰结构如图 4-36 所示。

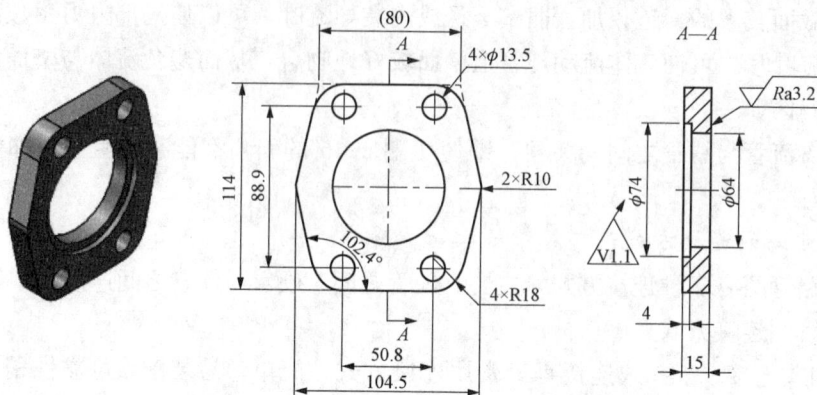

图 4-36　SAE 2.5in 法兰结构

（2）硬管与软管连接方式。

1）喉箍式连接。喉箍式连接是水路系统初期发展阶段常用的连接方式，简单、易装配，长期可靠性差，对温度变化敏感，已经不推荐使用。常用的喉箍紧固力矩见表 4-19 所示。

表 4-19	喉箍紧固力矩	
使用直径范围/mm	牙带宽度/mm	推荐力矩/(N·m)
10～16	10	4～8
13～19	10	4～8
16～25	10	4～8
18～29	10	4～8
18～32	12.7	6～10
21～38	12.7	6～10
21～44	12.7	6～10
27～51	12.7	6～10
33～57	12.7	6～10
40～64	12.7	6～10
44～67	12.7	6～10
46～70	12.7	6～10
52～76	12.7	6～10
60～83	12.7	6～10
65～89	12.7	6～10
76～92	12.7	6～10
78～101	12.7	6～10
91～114	12.7	6～10
105～127	12.7	6～10
118～140	12.7	6～10
130～152	12.7	6～10
143～305	12.7	6～10

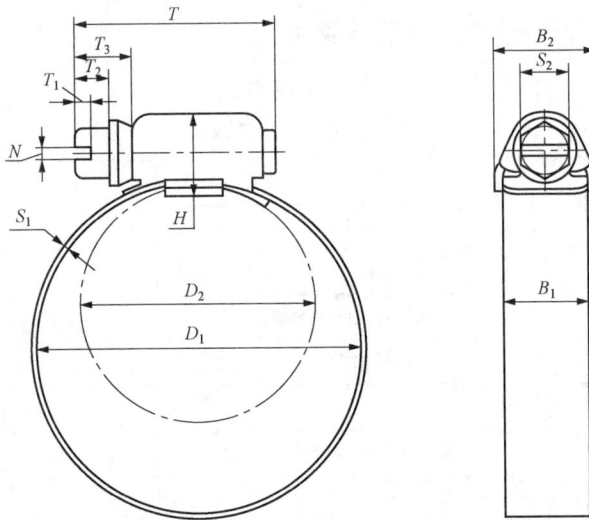

2）端面密封式连接。当前端面密封是最常用的连接方式，安全可靠，安装简便。在电力电子行业，一般采用 24°锥端面，结合 O 形圈密封方式，如图 4-37 所示。

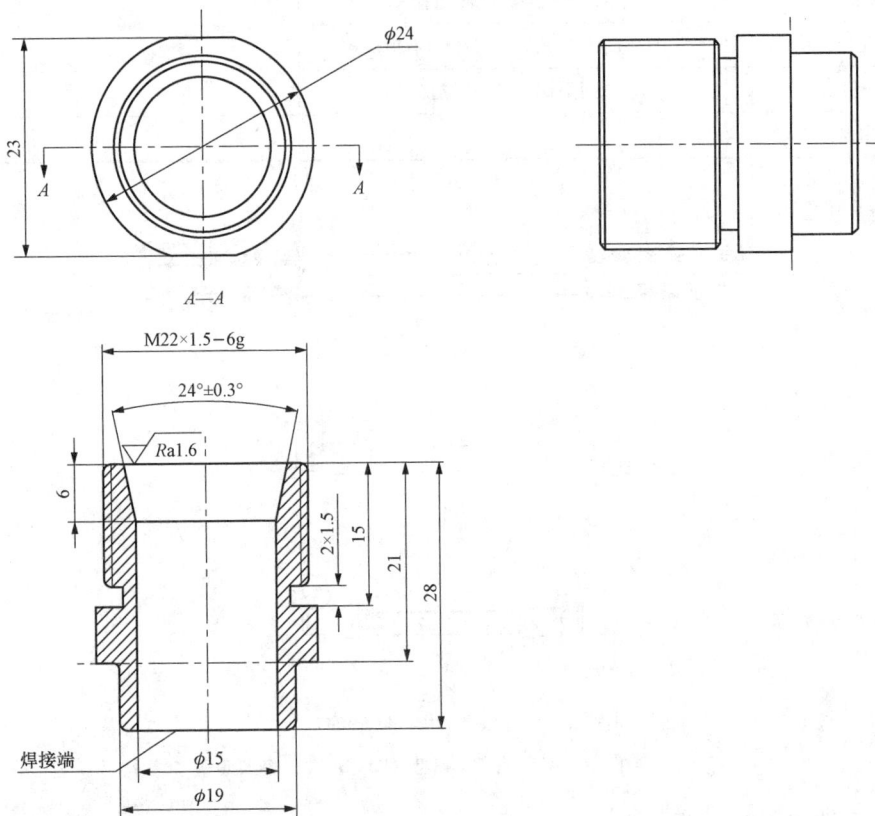

图 4-37　24°锥端面密封（单位：mm）

（3）柜内软管形式。

柜内水路软管多采用扣压形式，接头形式为 24°锥 O 形圈密封，以 0.5in（1in＝0.0254m）内径软管为例，其性能参数见表 4-20，软管的结构形式有三种，如图 4-38 所示。

表 4-20　　　　　　　　　　　　0.5in 软管性能参数表

项目	数值/要求	单位
运行介质温度	−40～55	℃
最大压力	1	MPa
工作介质	纯净水和乙二醇混合液	
软管压接形式	机械扣压	
软管规格	0.5	in
软管材质	棉线编制复合胶管	
软管耐温性能	−40～100	℃
接头密封形式	标准 24°锥配合 O 形圈	
接头紧固方式	M22×1.5 标准普通螺纹	mm
接头材料	SUS304 不锈钢或碳钢镀锌镍合金	
接头密封形式	带 O 形圈典型 24°锥管接头	
螺纹配合公差	6H/6g（无镀层）；6H/6f（有镀层）	
O 形橡胶圈	丁腈橡胶或氟硅橡胶	
使用寿命	6	年

注：1bar＝10^5Pa。

(a)

(b)

(c)

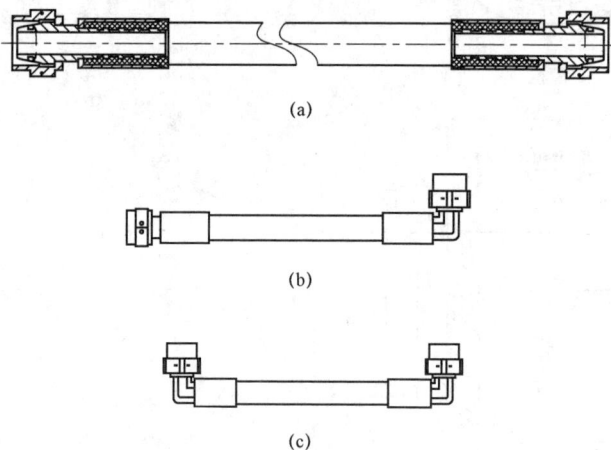

图 4-38　软管的三种结构形式

（a）双直通型（A）型；（b）直角直通型（B）型；（c）双直角型（C）型

软管生产加工要求如下：

1）接头外观要光滑，组成接头的内芯、螺母和套筒等无铁屑、油污等杂物。

2）软管圆度均匀，切口齐平。

3）O 形圈外形及表皮完好。

4）扣压前根据相关标准检查各零件的外观质量。

5）扣压宜采用数控扣压机，在扣压过程中最好一次成形，避免多次装卡产生误差积累。

6）扣压工艺必须完整，扣压过程不允许出现挤胶和损伤痕迹，外套筒不允许出现变形不规则、重复变形等现象，内芯不允许出现变形现象及痕迹。

4. 柜内水冷管路通用装配工艺要求

（1）现场施工不得随意修改零件、施工工艺和测试流程等工作内容。

（2）上柜装配前应重点检查主管管道系统各仪器仪表的安装是否合理，把手、表盘及接线等位置是否符合安装维护需要，外观是否整洁，焊接是否有砂眼、裂纹等不合格现象。

（3）主管道安装完毕后先不要完全紧固，可根据软管的安装需求适度调整，软管安装前必须检查其外观质量。

（4）装配的零部件（包括电器件）均应经检验合格后方可进行安装，安装前应检查外观有无缺陷，如有缺陷应及时向相关人员反映。

（5）装配时，应将待装配的零部件上的灰尘、油污等清除干净。对非金属材料制成的零部件，清洗所用的溶剂不应影响零部件表面的质量和造成变形。

（6）装配紧固时，结合面间不允许放入设计或工艺文件中未规定的垫片等物件，更不允许用不合理的方法（如锤击、冲坑和拉伸变形等）来改变结合面。

（7）机械零部件在装配过程中，不允许产生裂纹、凹陷、压伤以及其他可能影响设备性能的机械损伤。

（8）液冷系统的硬管上柜安装必须按照设计图纸实现，依据 3D 或 2D 文档进行上柜安装。

（9）软管系统的连接及排布依据相应的软管技术规格，软管技术规格应有供方提供技术指导，软管在连接过程中必须对双方接头同时施加力矩，严禁仅对单个接头施加力矩，具体排布及连接由硬管安装方执行。

（10）手动连接快装接头时，要注意接头中间的塑料垫片与金属接头对接完好，卡扣紧固以标准公制螺纹紧固力矩推荐为准，参见第（11）条。

（11）普通螺纹的紧固连接应满足标准《扩口管路连接件通用规范》（HB 4-1）中第 3.6.1 条相关规定，常用 G1/2 软管接头 M22 螺纹拧紧力矩推荐为 38～48N·m；对于 0.25in、0.375in、0.5in、0.75in 锥管螺纹，旋合深度分别不小于 9mm、10mm、12mm、13mm，并要有明显的旋紧状态；涉及管道固定所用的普通紧固螺纹的装配标准参照本书第 4 章表 4-3 规定。

（12）液冷系统连接完毕后，检查螺纹紧固标示线、仪表仪器及阀门满足试验条件后方可进行液冷系统检测。

（13）试验完毕后，应对管道系统进行排水处理，并对管道系统的进出口进行密封防护。

5. 柜内硬管装配工艺要求

(1) 管道安装前应具有的基本条件：管道连接的设备找正合格，固定完毕，组成件及支持件检验合格；管件、阀门等零件内部已清理干净、无杂物，有关特殊需求工艺工序已经完毕。

(2) 管道安装工作有间断时，应及时封闭敞开的管口。

(3) 管道连接时，不得采用强力对口；端面的间隙、偏差或不同心等缺陷不得采用加热、补偏等方法消除。

(4) 法兰安装时，法兰密封面及密封垫片不得有划痕、斑点等缺陷。

(5) 法兰连接时，螺栓孔应跨中布置，平面之间应保持平行，其偏差不得大于法兰外径的 0.15%，且不得大于 2mm；螺栓规格及安装方向一致，螺栓应对称紧固，紧固后应与法兰紧贴，露出螺牙 2～3 牙，如有拧紧力矩要求应符合设计文件的规定。

(6) 螺纹连接应符合的基本规定：用于螺纹的保护剂或润滑剂应适用于工况条件，不得对输送的流体或钢制管道材料产生影响；用于密封的螺纹胶或缠绕带，应均匀布在螺纹上，在拧紧过程中不得挤入管道内部，对于液体填料，拧紧后要满足固化时间。

(7) 阀门安装前应核对型号，如有介质流向要求，应按介质流向确定其安装方向。

(8) 当阀门与管道以及法兰或螺纹连接方式连接时，阀门应在关闭状态下安装；当与管道以焊接方式连接时，阀门应在开启状态下安装，对接焊缝的底层应采用氩弧焊，且对阀门采用防变形措施。

(9) 当管道安装时，应及时固定和调整支、吊架；支、吊架安装位置应准确，平整牢固，与管子接触应紧密。

(10) 设计有静电接地要求的管道，当接头间电阻值超过 0.03Ω，应设导线跨接。

(11) 管道系统上各活动零部件安装完毕后应符合设计，方便操作为原则。

(12) 普通管螺纹的紧固连接，如对于 0.25in、0.375in、0.5in、0.75in 的锥管螺纹连接，旋合深度分别不小于 9mm、10mm、12mm、13mm，并要有明显的旋紧状态。

(13) 涉及采用密封胶的连接地方，固化时间要满足固化推荐时间，如胶液具有即时密封能力，固化时间不小于 30min，且固化完后方可进行相关紧固连接，管道的装配及安装如有其他工艺要求，对于采用如聚四氟乙烯生料带作为密封剂的位置，安装要一次到位，不得回退，所有螺纹连接安装工艺如有具体要求，按具体工艺规定执行。

(14) 手动连接快装接头时，要注意接头中间的塑料垫片与金属接头对接完好。

(15) 管道安装完成后，管道的进出流动方向应进行标示，方便其他部分的连接。

(16) 硬管装配过程中，硬管的生产、试验、安装及连接和维护等工作，硬管的生产安装过程包括所有管道附件、连接件、仪表等所有对外连接内容。

(17) 所有连接件安装前必须进行来料外观检验，存在明显缺陷的零件不允许进行组装生产，装配过程必须有装配检验过程记录，装配完毕后螺纹连接紧固完毕后画防松线。

6. 柜内软管排布工艺

(1) 装配前外观检验。检查软管组件外观是否良好；软管有无裂纹、掉块等缺陷；不锈钢接头配合面有无明显磕碰伤，检查锥面安装的 O 形圈是否有划伤、掉块等缺陷。

（2）过热防护。软管安装时应远离发热设备（铜排、电抗、变压器和加热器等），如超过软管正常工作环境温度，必须进行隔热处理。

（3）避免扭曲。软管扭曲后在脉冲压力作用下，将导致固定点过度应力，在紧固过程时用扳手固定，如图 4-39 所示。

（4）过度弯曲。为避免降低软管使用寿命和承载能力，软管安装要满足一定的弯曲半径，要根据具体型号软管的推荐值选取，由厂家提供，如有必要，也可在软管的弯曲部分加装保护支撑结构避免过小弯曲半径，如图 4-40 所示。

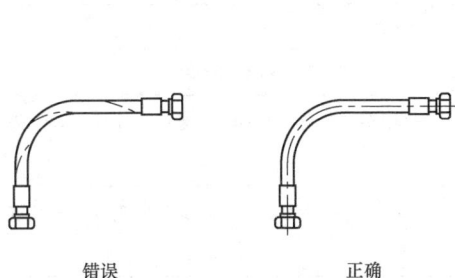

图 4-39　扭曲示意图　　　　　　　　图 4-40　过度弯曲示意图

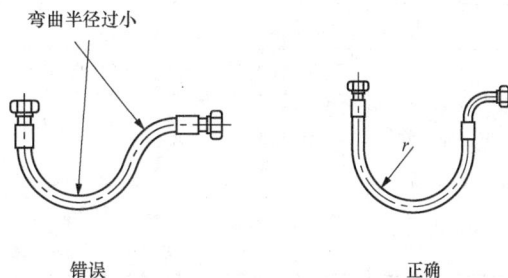

（5）预防磨损。软管安装过程及布管路径选择应避免越过刚性棱边，避免靠近尖锐部位，如不可避免，必须增加防护结构，如图 4-41 所示。

（6）避免拉伸应力。软管总成安装过程必须保持一定的松弛，在安装或移动过程避免过度用力拉拔，如图 4-42 所示。

图 4-41　磨损示意图

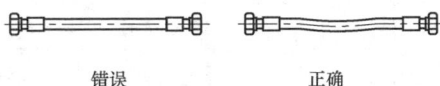

（7）活动部件之间的软管连接。在排布软管时，避免在活动范围内造成软管过度拉伸或弯曲半径过小的情况。

（8）辅助支撑。对软管的固定可以采用辅助支撑结构或管夹，辅助支撑类结构安装位置应避软管弯曲部分，如图 4-43 所示。

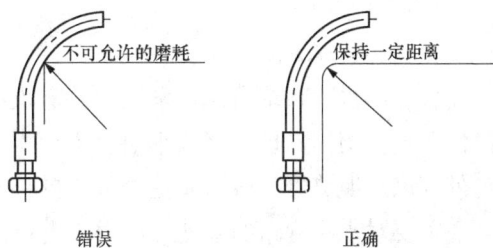

图 4-42　拉伸应力示意图　　　　　　图 4-43　辅助支撑示意图

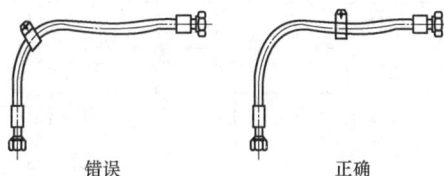

（9）力矩规范。涉及锥面密封结构的紧固标准可参照标准《扩口管路连接件通用规范》（HB 4-1—2020）中相关规定。

（10）软管安装过程中为避免出现错乱，在设计过程中要采用编号措施，按顺序安装。

7. 装配质量测试及检查

柜内水路装配完成后，需要对整柜水路安装质量进行测试和检查，防止渗漏。

（1）液冷系统管道整体测试前要标识螺纹紧固线，防止连接过程出现紧固遗漏现象。

（2）柜内水路装配完成后，需要进行保压测试，保压介质为水和乙二醇的混合液，额定设计压力为 0.4MPa。

柜内水路测试与检查内容见表 4-21。

表 4-21   柜内水路测试与检查内容

检查类型	检查项目	检查内容
液冷系统上柜整体试验	外观检查	仪表仪器及阀门初始状态符合试验条件；螺纹紧固线已经标示
	保压试验	1.5 倍设计压力，时间不少于 2h，纸巾擦拭各焊接点和螺纹连接点不渗漏，压力无下降
抽检	抽检	本组测试被抽检，1.5 倍设计压力，保压时间 12h，纸巾擦拭各焊接点和螺纹连接点不渗漏，压力无下降

4.7.4 柜外水路装配

1. 柜外水冷系统组成

设备外部水冷系统由泵站系统、外部风水换热器、外部连接管路三部分组成。泵站系统可以使用独立柜体，也可以安装在主设备内，连接管路为连接泵站与外部风水换热器的通道，外部风水换热器一般远离主设备，自身通过风冷换热或水冷换热的方式把热量带走。同时，还需要对水冷管路的温度、压力等进行监控，一套完整的柜外水冷管路主要器件见表 4-22。一套典型的柜外水冷系统示意图如图 4-44 所示。

表 4-22   柜外水冷管路主要器件

名称	用途	材质
立式多级离心水泵	冷却系统动力装置	过流器件 304 不锈钢
水泵电机	水泵驱动装置	—
加热器	水路系统加热	304 不锈钢
膨胀罐	调节系统压力稳定	主体不锈钢
三片式球阀	控制主回路开关	主体不锈钢
安全阀	防止系统压力过大	主体不锈钢
过滤器	去除冷却液杂质	304 不锈钢
补水球阀	系统补水放水	主体不锈钢
压力表	读取系统压力值	主体不锈钢
压力传感器	软件采集系统压力值	主体不锈钢
温度传感器	软件采集温度压力值	主体不锈钢

续表

名称	用途	材质
三通阀	控制水路是否采用外部换热器	—
排气阀	管路排气	铜镀镍
翅片式风水换热器	水路系统散热器件	铝合金
风水换热器风机	风水交换作用	—
电缆	泵站，加热器，风机电气连接	—
管路固定件及紧固件	固定泵站，外部散热器，管路	304 不锈钢

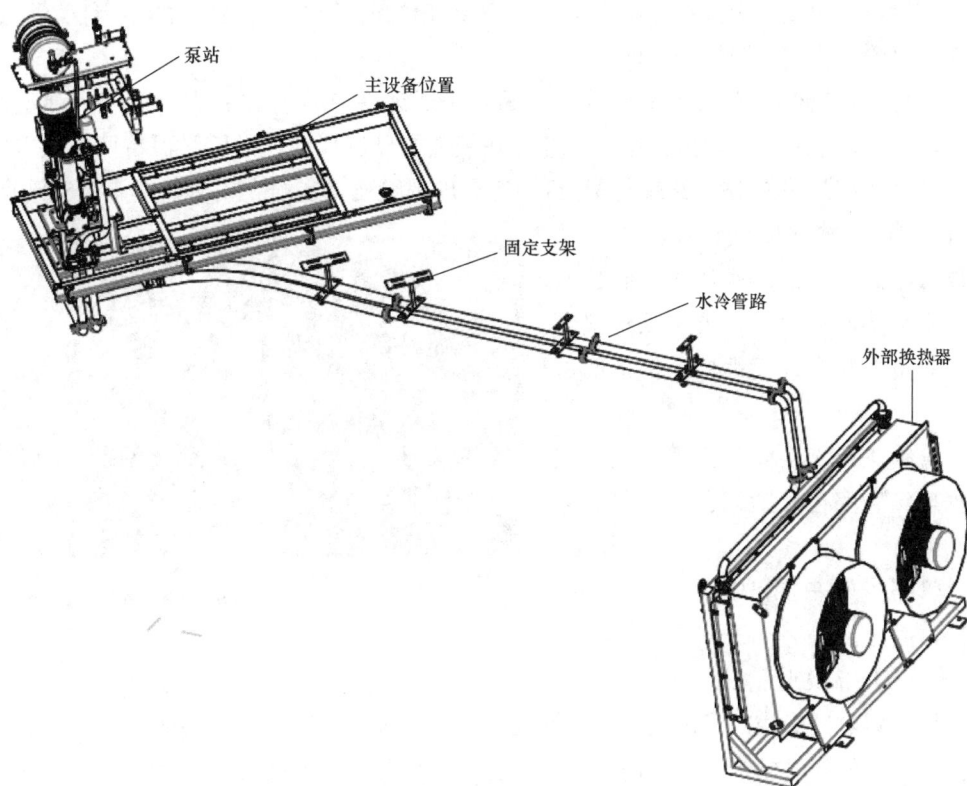

图 4-44　柜外水冷系统示意图

2. 柜外水冷系统机械安装

（1）按照包装箱中的装箱单清点物资，保证物资齐全。如果设备不立即安装，请保证外部包装完整性，于温度－30～＋50℃、湿度 95％RH 以下及酸碱为中性的环境中存放，且应有相应的防雨、防潮、防尘、防高温的措施。

（2）水泵系统、风水换热器及管路等各部件安装位置根据现场布置，设备各部件所需空间根据部件外形尺寸图确定。

（3）水泵系统安装。根据图纸要求，将水泵移动至安装位置（移动过程中注意对水泵的防护，防止磕碰等）。连接水泵系统与设备内管路，把水泵底座固定在规定位置。

（4）空气冷却器安装。将冷却器移动至安装位置（移动过程中注意对冷却器的防护，防止磕碰等），待管路预装好后在风冷却器安装孔位置做标记，再移开风冷却器在标记处打膨胀螺栓孔安装膨胀螺栓，再移回风冷却器紧固膨胀螺栓。

（5）外部管路安装。外部管路包含钢管和软管，钢管和软管上必须粘贴序号方便装配。外部管路接口有卡箍接口和法兰接口。根据提供的管路连接线，依次安装变流器与水冷柜之间管路以及风冷器与水冷柜之间管路，优先安装钢管，后安装软管，最后安装固定支架。软管安装后弯曲半径不得小于管径额定弯曲半径要求。

1）高压卡箍接口连接安装说明。

①安装前，检查卡箍锁紧螺栓螺纹干净无异物，再在螺纹上涂抹防咬硅脂。

②卡箍接口中间放上卡箍密封圈，两端卡箍接口对齐、压紧，再装上两半卡箍（注意两半式卡箍有台阶的连接耳需错开方向）。

③将卡箍锁紧螺栓分别插入卡箍孔内，螺栓头保证在有台阶的一边。再装入弹垫和螺母。手动初紧螺母，使用力矩扳手终紧。注意在锁紧螺母过程中，需始终保持两半式卡箍保持平行，锁紧力矩范围为 $16\sim20\mathrm{N\cdot m}$，否则容易出现咬死，装配完成后如图 4-45 所示。

2）法兰接口连接安装说明。先在法兰中间放入密封垫，再将两片法兰孔位对正，注意密封垫不能歪斜。再装入连接螺栓组件，对角线顺序拧紧螺栓，保证两法兰平行。

（6）管路固定支架安装：固定支架安装可根据现场管路位置适当、保证竖直紧固即可。

（7）管路支架安装完成后，用膨胀螺栓将风冷器固定。

图 4-45　ISO IDF 卡扣连接

3. 柜外水冷系统电气接线

（1）风冷器电机接线口建议朝向下，接线口防水接头必须拧紧，必要时涂抹玻璃胶；电源线弯曲点必须低于电机接线口，防止水滴沿着电源线流入电机接线盒发生短路。

（2）水泵电机接线后暂不点动，系统注水排气时再点动电机确认转向，避免水泵轴承干转。

（3）线路连接好后，点动风冷却器电机，观察电机旋向是否与旋转标识一致。若电机旋向与旋转标识不一致，关闭电源，调换电机接线中任意的两根线重新点动，直到电机旋向与旋转标识一致。

（4）现场必须提供安全可靠的接地点，而且设备必须接地，确保人员安全以及设备的稳定运行。

4. 柜外水冷系统的补水排气

机械装配和电气接线完成后，需要对整个水路系统进行补水作业，验证系统运行的可靠性，为正式运行做好准备，补水排气流程如下：

（1）确认各连接管路正确安装，系统内部各球阀处于开启状态，外接球阀处于关闭状态。

（2）打开注水球阀、连接注水管，拧松自动排气阀顶部的小盖。系统中有多只自动排气阀，分别位于水泵泵体上部、膨胀罐顶部阀块上、风冷却器顶部和变流器上部出水管管口（变流器一般自带排气阀，风冷却器顶部带有手动排气球阀）。

在整个水循环回路的最高处设置排气装置，否则容易在水循环系统中的高位形成死角，空气聚集在死角无法完全排出，从而导致整个系统实际流量不足，压力不稳，造成水泵轴封烧坏，同时影响系统换热效果。

（3）启动注水泵，注水至膨胀罐上压力表读数为 0.2MPa 时停止注水，等待自动排气阀排气，自动排气阀会发出吱吱声响，同时压力逐渐下降，待压力低于 0.05MPa 时再次启动注水泵，注水到 0.2MPa 时停止，反复几次，当压力维持在 0.2MPa 不下降，排气阀无排气声响时即可点动主循环泵。注水泵关闭时需同时关闭注水球阀，避免系统内冷却液倒流。

（4）点动主循环水泵，观察水泵电机旋向是否与旋转标识一致。若电机旋向与旋转标识不一致，关闭电源，调换电机接线中任意的两根线重新点动，直到电机旋向与旋转标识一致。主循环水泵不能在没有充满水的情况下干转，否则水泵轴封烧坏。

（5）启动主循环水泵，观察压力表的指针是否波动，如指针有波动则证明系统内部空气未排净，水泵继续运行 3～5min（部分系统或需更长时间），待压力表指针无明显波动后停止。

在运行过程中水泵若出现异常噪声应马上停止，待排查原因并解决后才能继续注水。因排出一定量的气体后系统的压力会降低，则需要再次注水至系统压力值稳定为 0.2MPa。

（6）启动主循环水泵，观察压力表指针是否还存在波动，如此反复，直至压力表指针无波动、排气阀无吱吱声响。关闭主循环水泵，手动切换电动三通球阀至冷却回路，此时系统压力会降低，则继续注水至系统压力值为 0.2MPa。

（7）启动主循环水泵，观察压力表指针是否还存在波动，如此反复，直至压力表指针无波动、排气阀无吱吱声响。待系统空气排净后，注水至系统技术要求压力值，完成注水排气。完成注水后应妥善处理干净因排气喷出来或注水时泄露的冷却液，关闭手动排气球阀。

（8）水冷系统在正常运行时，自动排气阀必须处于开启状态，自动排气阀偶尔会有水珠冒出属于正常现象。水冷系统具备自动排气功能，水冷系统正常运行时无需手动排气，只需保证膨胀罐压力正常。如水冷系统重新注水或其他原因导致大量空气进入，则需要手动排气。

4.8 包装储运装配工艺

4.8.1 基本技术要求

电力电子产品的包装除应符合《机电产品包装通用技术条件》（GB/T 13384—2008）外，还应结合专业产品的特点，符合相应专业标准的规定。

产品包装方式优先采用框架木箱包装，参考《框架木箱》（GB/T 7284—2016），包装箱底部必须配有木质托盘（底托）。

产品、材料、专用工具及备品备件的运输包装应满足运输途中及现场存放所需的防水、防雨、防潮、防沙、防盐雾、防霉、防锈、防振等对产品及备品备件等产生影响的要求，保证产品、材料、专用工具及备品备件在运输全过程中装卸、堆码、储存的安全。

在正常的储运条件下，应保证不会因包装不善而引起的货物散架、损坏、丢失或降低精度等。

包装应符合科学、牢固、经济、美观、易于辨识的要求。

合理预留包装箱内的空隙，尽量缩小包装体积。现场所有的零部件和工具，应装在木箱或其他安全的包装箱内，并绑定或固定牢靠，避免在运输过程中可能造成的丢失。

4.8.2　装箱用木材要求

制箱木材的选用应符合《机电产品包装通用技术条件》（GB/T 13384—2008）的规定，禁止使用花格木箱，禁止使用竹板、柳条、纤维板等类材料。

包装箱底托木材含水率不得超过 25％；箱板和挡板木材含水率一般为 8％～20％。胶合板为防水性，表面不允许有鼓包脱层现象。

木箱底板厚度不小于 2cm，箱板、箱内框架用料及结构，须根据设备的特性和重量设计，确保木箱强度和装卸安全。严禁使用朽木和虫蛀木。设备在木箱内固定牢靠，不得发生移位或窜动。

包装箱端板、侧板使用胶合板时，胶合板厚度不小于 7mm；壁板允许进行拼接，接缝间拼缝不得大于 3mm，接缝处应有筋板，用钉子钉牢，钉距须小于 150mm；壁板表面规整，不得有脱落、起皮现象，胶合板表面颜色应基本一致。

产品底托加横木条。木条间隔 3～40cm，均匀分布。横木条底部再加装两根竖木条，竖木条在设备前后各放置一根，要求从左到右整根贯穿产品。为包装物底部必须留有叉车操作空间，高度不小于 15cm。

4.8.3　叉车作用位置

叉车由产品前方或后方铲起设备，严格禁止由侧面铲起设备。

保持产品重心在两铲架的中间位置，严格禁止重心偏左或偏右。

叉车着力点放置在前后两竖木条上，严格禁止着力点尽落于一根木条上。

4.8.4　包装防护

防护包装主要有防雨、防潮、防霉、防锈、防大气侵蚀、防振动等要求。针对风电产品包装运输特点，主要在以下三个方面做出要求：防水、防潮、防振动和冲击。

全部包装箱应能防腐防虫，尤其是箱内所装的备品备件，应能在储存 12 个月以上后，保持完好无损。对于出口项目应能储存 24 个月以上。

1. 防水措施

依据《防水包装》（GB/T 7350—1999），包装等级按照 B 类 2 级包装，包装件在储运过程中部分时间露天存放。

防水包装材料应具有一定的强度以承受流通过程中各种机械因素的危害，质量符合有关产品标准的规定，防老化、防污染、防虫。常用防水材料主要有石油沥青油纸、塑料薄膜、塑料复合纸等。

外包装箱体要采取防水措施，防水材料应有一定的长度和宽度，裕量不少于 100mm。防水材料需拼接时，搭接方式应便于雨水外流，搭接宽度不少于 60mm。除此之外，风电变流器外包装箱顶部需额外罩一层油毡，防止在运输过程中或露天放置时被雨淋。

产品在进行包装时，包装箱内必须采取必要的防水措施，箱内衬以防水材料，包装箱内衬的防水材料应平整、紧贴箱内侧。

外包装防水试验满足 GB/T 7350—1999 中 B 类 2 级要求。

2. 防潮措施

依据《防潮包装》（GB/T 5048—2017），包装等级按照 2 类包装，防潮期限为 0.5～1 年。

产品包装时，必须采取可靠的防潮措施，保证产品内部的绝缘材料性能不受破坏或降低，保证机械结构不锈蚀。

产品包装至少采用单层缠绕膜包装，否则不允许发货；特殊地区需要两层缠绕膜。

要求包装内、变流器柜内放置适量的干燥剂，选型采用硅胶和蒙脱石。用量可根据内包装体积计算，每立方米 500g，使用的干燥剂含水量不得大于 4%，均匀放置在包装箱内和变流器柜内。

3. 防倾斜、振动，冲击措施

依据《缓冲包装设计》（GB/T 8166—2011），包装要求按照局部缓冲处理。

（1）产品底座与包装箱底托之间必须用防锈、防潮、缓冲等材料加以衬垫，如油毡、橡胶垫等。产品底座与包装箱底托间需采用螺栓结构连接牢固，螺栓强度不得小于 8.8 级，数量不得少于 8 只，参照产品的槽钢底座安装孔合理分布，加平垫圈、弹簧垫圈拧紧。还需要用横撑压住产品底座，固定底座四周。

（2）超过 1m 高度的产品柜体上部和包装箱之间建议增加木质支架，防止柜体上部在运输过程中晃动，支架可以和包装木箱在外部用铁钉固定。

（3）产品四周和顶部与胶木板预留 50mm 间距，加装塞紧泡沫。木箱、托盘或底盘的起吊位置及上部适当位置需根据产品的重量加装相应规格的护角铁板，以增加强度，如图 4-46 所示。

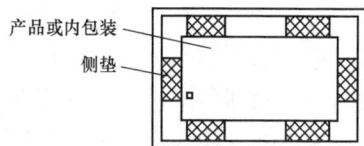

图 4-46　四周侧衬图

（4）柜体外部若有风扇或空冷交换器等突起器件，应增加硬质泡沫（泡沫厚度要高于突起器件 5～10cm）在器件周边，以保护器件。硬质泡沫可用缠绕膜缠绕固定于柜体表面，若无泡沫，不允许发货。

（5）根据项目的具体运输条件，要求加贴防震贴和防倾斜贴。

4. 海上型设备的特殊防护要求

（1）柜内加装气象防腐胶囊。

（2）柜内放置干燥剂，每立方米 1000g。

（3）柜体包装至少采用 3 层缠绕膜包装。

（4）产品加盖 2 层完整的厚塑料 PE，厚度大于 0.2mm，并抽真空。

4.8.5 包装流程

（1）将随机资料及现场所有工具置于柜内，固定牢固，随机资料编号和机柜编号需一一对应。

（2）柜内和包装箱内放置适量的干燥剂。

（3）检查变流器产品的所有柜门保持关闭状态，所有门锁孔锁至 90°垂直方向。

（4）吊装变流器产品放于托盘之上，要求产品底座安装孔与托盘上螺栓对应。

（5）将产品底座与托盘用螺栓固定。

（6）螺栓固定后，在上部、中部、下部三部分分别增加一圈 50cm 宽的缠绕膜；包装套上防雨塑料袋，要求塑料袋不允许破裂。

（7）装箱，填塞产品与包装箱之间的缝隙，并将机柜编号填写至木箱外侧的机柜编号处。

（8）包装箱顶部用防雨材料（如油毡等）覆盖并固定。

（9）将塑封好的装箱清单和发货地址及联系人等发货信息装订/粘贴在包装箱最外侧的右侧面（正视）距托盘 1.3m 左右居中的空白位置，要求固定牢固，不会轻易脱落，不得遮挡包装箱外侧的任何信息。

（10）在包装箱相邻两侧面各粘贴一枚倾斜指示标签和标签伴侣。标签粘贴需整齐、美观。标签粘贴的具体要求：标签的顶部距离柜底（托盘上表面）400mm，一枚标签左边缘距离包装箱右边缘 100mm，另一枚标签右边缘距离包装箱左边缘 100mm。粘贴标签伴侣时需将标签置于标签伴侣开孔的正中。

4.8.6 包装储运标志

（1）根据《包装储运图示标志》（GB/T 191—2008）要求，包装储运标志有产品标志（唛头）、包装储运图示标志，应尽可能采用不褪色的黑色油墨或油漆采用喷刷或油漆笔填写的方式。当项目对包装储运标志有特殊要求时，按项目要求执行。

（2）包装箱的两个侧面或相邻的两个侧面上需印刷如下信息内容：合同号、机柜编号/序列号、产品型号、净重、毛重、包装尺寸、工程名称。

（3）在包装箱正、反面分别喷涂"正面""反面"字样。

（4）包装储运图示标志应以图形形式表示，标志应符合《包装储运图示标志》（GB/T 191—2008）的相关规定。标志的内容应包括向上、怕雨、禁止堆码、重心点等，如图 4-47 所示。

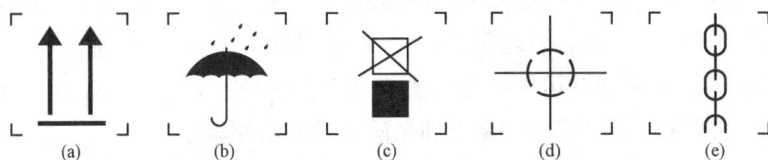

图 4-47 包装储运示意图

(a) 向上；(b) 怕雨；(c) 禁止堆码；(d) 重心点；(e) 由此起吊

（5）起吊点印刷在包装箱的起吊位置，重心点印刷在包装箱长度和高度的两个侧面上。

第 5 章　变流器配线工艺

本章节主要针对电力电子产品，依据相关标准以及在产品生产过程中的经验，总结并归纳了在产品配线过程中的一系列通用技术要求及规范。

5.1　线材、工具及设备

5.1.1　线材

电力电子产品配线工作的基本原材料就是各种导线、电缆，在配线过程中会使用到多种不同线型线规的导线电缆，以应对产品的各种工作条件（电压、电流、接地、防干扰等）和可能存在的外界影响（环境温度、防腐蚀、阻燃、机械应力等）。

对于线材的选取和使用，首先应满足如下基本要求：

（1）根据产品生产资料中配线表规定的线型选用正确的导线电缆。

（2）线缆在使用过程中要保证表面清洁、无污染。

（3）线缆在使用过程中不能发生浪费现象。

常用的线材有如下几种：

ZC-RV-450V/750V 型导线，即普通阻燃导线（黑色/红色/淡蓝色/黄绿色），适用于电源线、控制线、普遍信号线、接地线等。

FF46-1-3000V 导线，即高压导线，适用于高压采样、电源等场所。

ZB-YG-0.6/1kV 导线，即硅橡胶电缆，绝缘层为硅橡胶材质，外部为黑色无碱玻璃纤维护套，适用于一次回路大电流场所。

ZC-RVVP-300V/500V 导线，即多芯屏蔽线，主要用于怕干扰的电源线、信号线。

5.1.2　辅助材料

护线齿、线夹、绝缘纸板、尼龙扎带、剖开波纹管、各种规格行线槽、标记套、绝缘热缩套管、接线鼻等二次接线消耗材料，必须在扎线工作开展前全部准备到位，并且以上辅助材料阻燃等级必须达到 94V1 及以上，耐低温性能为 −40℃。

5.1.3　工具

配线操作工具主要有剥线钳、尖嘴钳、斜口钳、弯线钳、压线钳、剪刀、适用套筒扳手、螺钉起子、内六角扳手、活络扳手、通线灯或万用表、手电钻、电烙铁、烘枪等；压线钳必须通过定期校验压接导线拉力以确定压线钳合格。

5.1.4 设备

配线设备主要有配线作业流水线、装配台、下线机、号码机、耐压仪、万用表等。仪器应定期校验，并确保产线上仪器在校验期内。

5.2 配 线 工 序

5.2.1 配线文件准备

1. 柜体器件布置图

器件布置图包含在电气原理图中，器件布置图表示出了各元器件的安装位置，包括元器件端子的分布位置、线槽导轨安装位置、器件标识等，如局部器件在器件布置图中无法表示出来，可以结合柜体三维模型识别。

2. 元器件汇总表

元器件汇总表包含在电气原理图中根据电气原理图及设计选型的器件型号，汇总表中给出了各个元器件的器件名称、器件编号、规格型号、数量、设备标识、电器原理图页码等。

3. 电气配线表

根据电气原理图和各电气元器件的安装位置及元器件端子的分布位置，通过样机试制后修订《电气配线表》，修订的配线表中必须标出连接电气元器件的标识、导线的型号、长度、源目标线号等，且要根据电气元器件的安装位置和生产工序有条理地进行划分；其中配线长度须在项目首台样机试制时完成测量并记录。

4. 端子分配表

完成电气原理图后，可由绘图软件自动生成端子图表，端子图表包含各个端子排的端子型号、数量、连接点名称、短接片分配、端子排附件。

5. 配线作业操作书

根据配线表、器件布置图以及生产设计中的相关装配、配线以及技术标准，以图文结合或多媒体形式展现整个工序及配线的详细作业流程，并包含线缆的正确压接方式、装扎位置、走线布线形式、关键注意事项等，形成配线作业操作书。

5.2.2 配线作业过程

1. 配线准备工作

（1）确认柜体器件布置图、部件汇总表、电气配线表、端子分配表、配线作业操作书等相关资料准备完成。

（2）提前检查相关配线设备、工具，确保能正常工作。

（3）按照器件汇总表，领取当前装配所需要的器件。根据配线表领取图纸要求的导线、压头、热缩套管、波纹管、扎线带等耗材。

2. 器件卡装

（1）按照电气布置图与部件汇总表核对器件的外观、铭牌型号。根据机械结构设计分类卡装电气元器件，安装端子排；根据端子图表，安装不同型号的端子。

（2）按照电气布置图粘贴元器件与端子标签标识，元器件及端子标签的打印及粘贴标准参考表 5-2。

3. 下线压线

（1）根据《电气配线表》中的要求和规定，按照不同线径和长度进行下线工作，下线中保留部分余量。

（2）根据《电气配线表》内的源头和目标头名称来套装标号管。

（3）根据《电气配线表》的要求，以及导线压接工艺规范，压接元器件适用的压头。

4. 柜体配线

（1）根据工序和生产加工流程，对独立的组装器件进行配线装配。

（2）根据不同柜体结构分配，进行分柜配线。

（3）分柜配线完成后，进行整个柜体的总成配线，主要是穿柜的配线和接地线。

5. 配线质检

（1）确认配线过程中的导线压接牢靠，不虚接。

（2）配线整理，在配线完成后，按照后面的配线工艺要求，矫正部分不符合要求的配线。

（3）质检查线，每一根线都必查，不得有遗漏。对于发现的问题，应及时更改，不得发生二次配线问题。

6. 配线清理

在配线完成后，将配线过程中剪裁、剩余的物料、杂物进行清理。清扫需使用吸尘器，清扫完成后，变流器柜内无线头、扎带、螺钉、铁屑等杂物。

5.3 配线过程工艺

5.3.1 通用工艺

（1）不允许在屏柜内部进行线缆的端子压接作业。

（2）按配线途径测量线长，正确下料。两端套上标记套，按配线途径进行敷设。产品柜内所有配线应做到横平竖直，层次清楚，不允许出现任何形式的飞线。用尼龙扎带捆扎时应注意形状美观，保持线束平直，捆扎时用扎线带或线缆线夹固定。

（3）导线宜舒展布放，不可交叉打结，不可承受外力。配线时不允许破坏导线表面绝缘层或造成其他损伤，任何长度大于 5mm、深度大于 0.07mm 的划痕和破损被视为不合格。不合格导线需抽出重新配线。

（4）导线应按电气配线表正确接至各元器件及端子排上。在接线前必须确保导线两端标记套无缺失。将多余的导线剪去，用剥线钳剥去适当长度的绝缘层，并除去芯线表面的氧化膜及黏着物。在端头套上适用的接线鼻，用压线钳（液压钳）压紧后。将接线鼻接于所接端头上旋紧螺钉。

（5）二次线在敷设途中可依次分出或补入需要连接的元器件，导线逐渐形成总体线束与分支线束。线路敷设布置时，总体线束与分支线束应保持横平竖直、牢固、清晰美观，推荐采用行线槽、波纹管（波纹管必须使用阻燃波纹管）配线方式。

（6）同一端头一般只能接一根导线，严禁同一端接三根或三根以上导线。所有接头螺母及螺钉上紧应使用合适工具，螺母螺钉上紧后不应有起毛及损坏镀层现象。

（7）线束或导线的弯曲，不得使用尖口钳或钢丝钳，只允许使用手指或弯线钳，以保证导线的绝缘层不受损坏。

（8）二次接线中间不允许有接头，导线不够长，必须更换。导线剥离绝缘层均应使用剥线钳，且钳口与导线线径应配合得当，不得损伤线径，当芯线上附有氧化膜时，应用电工刀除去。

（9）二次导线用支架及线夹固定。凡是不接线的螺钉应全部紧固，以防止螺钉脱落。线束固定要求牢固，不松动。当产品没有设计支架或线夹时，采用线束套波纹套管，用扎线带固定。扎线带原则上固定间隙为150～200mm，且同一线束最少固定扎线带不得少于3根。

（10）若电器元件本身具有引出线时，原则上应通过端子过渡后才能与柜内二次线连接。接线端就近固定。若引出线过短时，应采用相应规格的BN型尼龙中间端子进行二次导线连接，如图5-1所示。

5.3.2 标号管使用

（1）号码管要求阻燃、白色。套管规格的选择应与线径相对应，其对应关系见表5-1。

图5-1 BN型尼龙中间端子

表5-1 套管规格与线径的对应关系

导线线径/mm	0.4	1.0	1.5～2.5	4.0
套管规格/mm²	0.5	1.0	2.5	4.0
线号机参考型号	T－W0.5	T－W1.0	T－W2.5	T－W4.0

（2）套管打印可参考：套管长度设定为16mm；字体为3号字体，宋体；字距设定为2mm。通常同一工程套管字体、段长、字距均相同，因此将其设定为固定值。

（3）套管应紧靠端子一侧，双压针使用的两个套管平行套至导线根部，禁止用空白套管替或不上套管。每个套管的字头方向对应该导线端的剥线头处。不能将套管套反或相互错位。

（4）套管上的打字应清晰、完整、正确，并且其印字面应便于观察。

（5）字体朝向：字体面在套管横、竖布放时应与端子面同向。前后布放时：横排套管字面朝上，列排套管字面朝右。横向放置的套管，字头在左；竖向放置的套管，字头在下，前后放置顺序，字头朝向操作者。

（6）10mm² 线径及 10mm² 以上电线要采用乙烯基材料的线缆标签（图 5-2）或具有印字功能的热缩套管（图 5-3），分别贴或套在线缆的两端，不同相序的导线应采用不同颜色的号码管或者线缆标签，对应的原则是 A 相用黄色，B 相用绿色，C 相用红色，如图 5-4 所示。

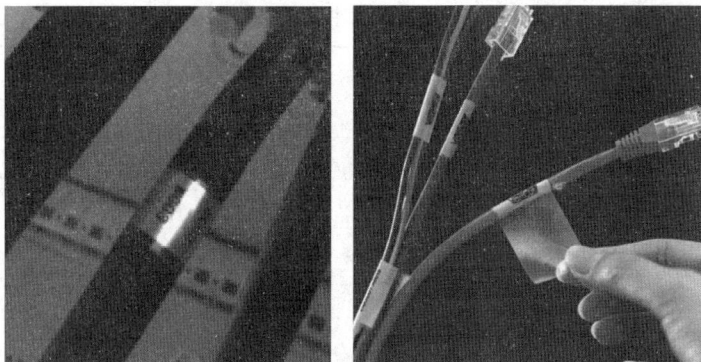

图 5-2 线缆标签示例

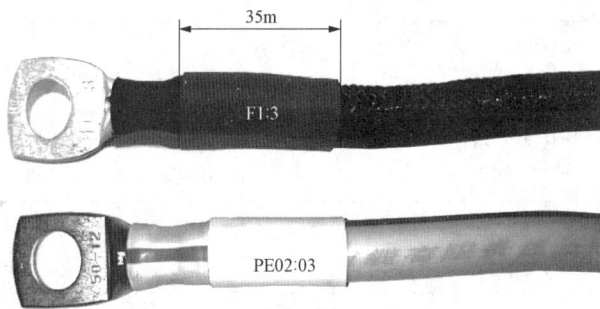

图 5-3 热缩套管示例

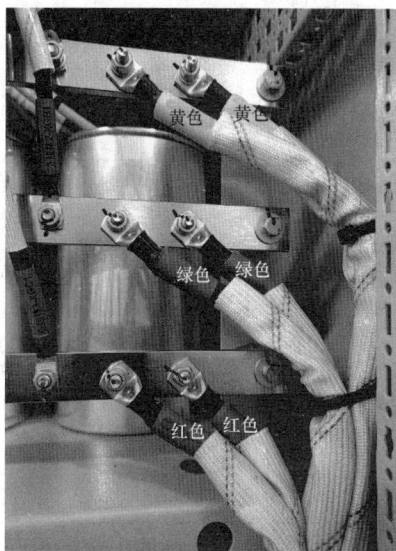

图 5-4 不同相序对应不同颜色的热缩套管

5.3.3 标签使用

（1）标签、标号要贴的整齐划一，位置合理，严禁覆盖住器件参数。

（2）机柜和装置编号采用标准的二维码图纸，器件标识采用黄底黑字标签带，字体要加粗，尽量满格显示。

（3）对于器件标识可以用标签机 P-touch 按照已设定好的长、宽、字体、字号的模板来打印。

（4）打印时将柜体标志去掉，如打印"＋S2‐M11"时，应按照规定的字体、字号、布局设置打印"M11"。

（5）元件标签的字体应端正，字迹应清晰，内容符合图纸要求；粘贴部位应醒目，不应被导线、元器件或金属构件挡住，并能清楚地指明是属于某一元件的。

（6）部分器件的标识粘贴工艺要求见表5‐2。

表5‐2　　器件标识规格及位置

型号	规格 （长×宽，mm×mm）	字体要求	粘贴位置
框架断路器	17×9	字体大小18磅，宋体，字符间隔5磅，字符居中	器件中间
塑壳断路器	17×9	字体大小18磅，宋体，字符间隔5磅，字符居中	器件右上角
励磁接触器	17×9	字体大小18磅，宋体，字符间隔5磅，字符居中	器件右上方
并网接触器	25×9	字体大小18磅，宋体，字符间隔5磅，字符居中	接触器C相白色面板右上方有一处专门粘贴标识的塑料卡片
铝壳电阻	17×9	字体大小18磅，宋体，字符间隔5磅，字符居中	器件右上方
熔断器式隔离开关	17×9	字体大小18磅，宋体，字符间隔5磅，字符居中	器件品牌标志EFEN左边
UPS电源	17×9	字体大小18磅，宋体，字符间隔5磅，字符居中	UPS显示面板右下方
继电器	25×9	字体大小18磅，宋体，字符间隔5磅，字符居中	器件上方，粘贴时标签不能超出标识板上边沿
接触器	17×9	字体大小18磅，宋体，字符间隔5磅，字符居中	取下指示窗口后，在器件下方
插座	17×9	字体大小18磅，宋体，字符间隔5磅，字符居中	器件右上方
空气开关	9×14	字体大小18磅，宋体，字符间隔5磅，字符居中	器件右上方
马达保护开关	9×20	字体大小18磅，宋体，字符间隔5磅，字符居中	器件左下
变压器	9×20	字体大小18磅，宋体，字符间隔5磅，字符居中	器件左上

型号	规格 （长×宽，mm×mm）	字体要求	张贴位置
温湿度传感器	9×12	字体大小 12 磅，宋体，字符间隔 5 磅，字符居中	器件右上
开关电源	9×20	字体大小 18 磅，宋体，字符间隔 5 磅，字符居中	器件中间
轴流风机	9×20	字体大小 25 磅，宋体，字符间隔 5 磅，字符居中	器件中间
加热器	9×20	字体大小 18 磅，宋体，字符间隔 5 磅，字符居中	器件中间

5.3.4 导线制作与压接

1. 导线剥除

（1）导线的剥头应满足以下要求：导线绝缘皮的切口应整齐，无穿刺、拉伤、磨损、绝缘残留、污染和焦痕，导线绝缘皮允许有轻微、均匀的压痕及热作用引起的轻微变色，但不允许有绝缘层损坏。导线剥除绝缘皮不应该使导线内导体受损或缺失。

（2）导线剥头是指去除接线部位的绝缘层。导线的剥头长度要求如下：

①有剥头长度要求（例如工艺文件规定）的导线剥头，应符合相应的规定。

②没有要求的导线剥头长度，可按表 5-3 规定的长度剥头，如图 5-5 所示。

表 5-3   **绝缘导线剥头长度**

绝缘导线剥头长度					
导线截面积/mm²	<0.5	0.6～1.0	1.0～2.5	2.5～6	6～10
剥头长度/mm	6～8	8～10	10～14	14～20	20～25

2. 导线压接

压接时，要使用型号正确的压针压头，不可随意代用。根据配线表中端子类型选择相应的压头进行压接，见表 5-4。各种压头必须使用其专用的工具进行压接，不可随意用其他压接工具替代。压头型号与压钳类型的选择见表 5-5。

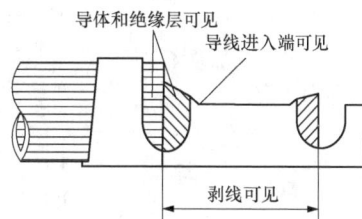

图 5-5 导线剥头长度

表 5-4   **导线型号与常用冷压头对应型号**

截面积/mm²	单线压针	双线压针	OT 型压片	UT 型压片
0.5	LT005008	CT205008	OT0.5-3（4）	UT0.5-3（4）
1	LT010008	CT210008	JOT1-4	JUT1-3

截面积/mm²	单线压针	双线压针	OT 型压片	UT 型压片
1.5	LT015008	CT215008	JOT1.5 - 5 JOT1.5 - 6 JOT1.5 - 12	JUT1.5 - 4
2.5	LT025008 DBN2.5 - 12	CT225008	JOT2.5 - 4 JOT2.5 - 6	JUT2.5 - 4
4	LT040008 DBN 4 - 12	—	OT4 - 3（4）	—
10	LT100010	—	OT10 - 8（10）	—
16	LT160012	—	OT16 - 8（10）	—
25	LT250012	—	SC25 - 8（10）	—
35	—	—	SC35 - 8（10）	—
50	—	—	SC50 - 8（10）	—
70	—	—	SC70 - 8（10）	—
120	—	—	—	—

表 5 - 5　　　　　　　　　　　压头型号与压钳类型的选择

名称	压钳类型	压头型号
压线钳	SN - 06WF	LT、CT 型压头
压线钳	KH - 8	OT、UT 型压头
压线钳	LX - 30J	JOT、MDD、DBN 型压头
航空压钳	CRIMPBOX - 0.5/4	CDF、CDM 型航空压针
液压钳		压线径大于 16mm² 的导线

正确的端头压接形式如图 5 - 6 和图 5 - 7 所示。

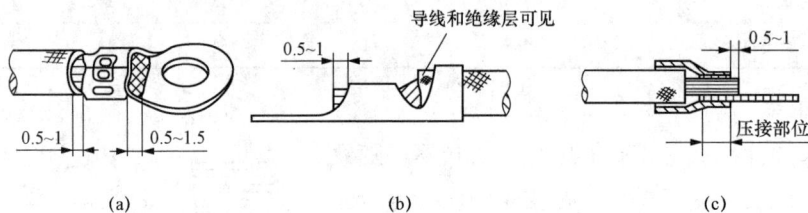

（a）　　　　　　　　　　　（b）　　　　　　　　　　　（c）

图 5 - 6　端头压接形式（单位：mm）

（a）单口压接；（b）双口压接；（c）预绝缘压接

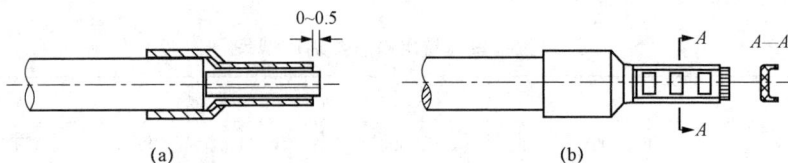

（a）　　　　　　　　　　　（b）

图 5 - 7　管状绝缘头压接要求（单位：mm）

（a）压接部位；（b）正确压痕

不良压接端头的缺陷示例见表 5 - 6。

表 5 - 6　　　　　　　　　　　　　　　　　不良压接端头的缺陷示例

端头压接缺陷	缺陷描述	对电气连接的影响
	导线插入不足	抗拉强度差
	导线插入过长	影响以后的电气连接
	导线剥头露出端头尾部过长	电气绝缘下降，易引起短路故障
	压痕太靠前	连接强度低
	压痕偏离轴心线	连接强度低
	压痕位置反置	影响连接强度
	压痕过深	导线线芯易断
	压痕过浅	连接强度低
	压痕靠后	线芯易损，连接强度低
	端头与导线不配套，套筒直径过大	连接强度低，电接触不可靠

续表

端头压接缺陷	缺陷描述	对电气连接的影响
	端头与导线不配套，套筒直径过小	导线线芯外露，有效载流容量下降，降低绝缘
	导线绝缘压入套筒	接触电阻增大，接触不良

3. 导线压接拉力测试

导线与压头连接后，确保其连接牢靠，根据表 5-7 的规定来进行测试。

表 5-7　　　　　　　　　导线压头接线后的抗拉力

导线截面积/mm²	抗拉力/N	
	预绝缘端头	裸端头
0.5	60	75
0.75	90	120
1	100	160
1.5	140	220
2.5	190	320
4	275	500
6	360	650

4. 焊接要求

（1）锡焊连接的焊缝应饱满，表面光滑。焊剂应无腐蚀性，焊接后应及时清除残余焊剂，并用正确颜色的热缩套管加以保护。

（2）锡焊连接的焊缝不应有凹陷、夹渣、断股、裂缝及根部未焊合的缺陷。焊缝的外形尺寸应符合焊接工艺评定文件的规定，焊接后应及时清除残余的焊渣。

（3）凡要求用锡焊的线头一定要焊牢靠，不得有虚焊、假焊现象。

（4）导线焊接后，绝缘末端与焊点之间一般应有 1～2mm 间距。

（5）焊接时焊枪接触铜丝时间过长会破坏导线绝缘层，如图 5-8 所示，应避免发生。

5. 端子排接线及扭力要求

（1）端子排装配及接线基本要求。

图 5-8　焊接错误图

1）端子排的始端必须装有可标出单元名称的标记端子，末端装以挡板。同一端子排的不同安装单位间也要装标记端子，以便分隔。

2）端子排的端子都要按端子分配表来卡装字码牌，字码牌字迹必须清晰。端子应无损坏、绝缘良好。

3）端子排安装时应注意槽板方向。横向安装时，应使端子不会向下拉出槽板；纵向安装时，应使端子不会向外拉出槽板。

4）插拔式端子每个孔位只允许接一根导线，相邻端子间短接要用专用的端子短接片。

5）端子排上的接线层次要分明，尽量确保每根线垂直进入相应的走线槽，如图 5 - 9 所示。

（2）端子螺纹扭矩要求。对于采用螺纹固定的端子，其扭矩要求见表 5 - 8。

图 5 - 9　线槽进线扎线图

表 5 - 8　　　　　　　　　　　　　　　端子螺纹扭矩要求

螺纹直径/mm		扭矩/(N·m)				
标准值	直径范围	1	2	3	4	5
1.5	～1.6	0.05	—	0.1	0.1	—
2	＞1.6～2.0	0.1	—	0.2	0.2	—
2.5	＞2.0～2.8	0.2	—	0.4	0.4	—
3	＞2.8～3.0	0.25	—	0.5	0.5	—
—	＞3.0～3.2	0.3	—	0.6	0.6	—
3.5	＞3.2～3.6	0.4	—	0.8	0.8	—
3.5	＞3.6～4.1	0.7	1.2	1.2	1.2	1.2
4.5	＞4.1～4.7	0.8	1.2	1.8	1.8	1.8
5	＞4.7～5.3	0.8	1.4	2	2	2
6	＞5.3～6.0	1.2	1.8	2.5	3	3
8	＞6.0～8.0	2.5	2.5	3.5	6	4
10	＞8.0～10.0	—	3.5	4	10	6

注：5 种方式分别为：

1. 用于借助螺丝刀紧固的不突出孔外的无头螺钉连接，以及不能用刀口宽度大于螺钉根部直径的螺丝刀紧固的其他螺钉。

2. 用于借助螺丝刀紧固的罩型螺母夹紧。

3. 用于借助于螺丝刀紧固的螺纹夹紧方式，是常用的连接方式。

4. 用于比螺丝刀更好的工具紧固的、除了罩型螺母之外的螺钉螺母夹紧方式。

5. 用于不借助螺丝刀紧固的罩型螺母夹紧方式。

（3）端子压接拉力测试。端子与导线连接应牢固，在规定的拉力下不应损伤和脱开，其拉力值应不小于表 5 - 9 中的规定。

表 5 - 9 端子压接拉力标准

序号	线径/mm²	拉力/N	序号	线径/mm²	拉力/N
1	0.50	50	7	6.00	450
2	0.75	80	8	10.00	500
3	1.00	100	9	16.00	1500
4	1.50	150	10	25.00	1900
5	2.50	200	11	35.00	2200
6	4.00	270	12	≥50.00～120.00	2700

5.3.5 屏蔽线处理

(1) 屏蔽线和同轴电缆导线剥头长度。在去除屏蔽层后的内绝缘层长度见表 5 - 10,加工工序如图 5 - 10 所示。

表 5 - 10 屏蔽电缆的内层绝缘长度

工作电压/V	内绝缘层长度 L/mm
<100	5～10
100～600	10～20
600～3000	20～30
>3000	30～50

(2) 屏蔽线的制作。用线鼻子把导线与屏蔽压在一起,压过的线回折在绝缘导线外层上,如图 5 - 11 所示。

(3) 屏蔽电缆的配线工艺。

1) 使用屏蔽线时,未使用的导线不可甩露在外面,应剪除多余部分。屏蔽线外皮应剪至可套一个套管的位置,并用热缩套管对屏蔽线外皮封头,如图 5 - 12 所示。

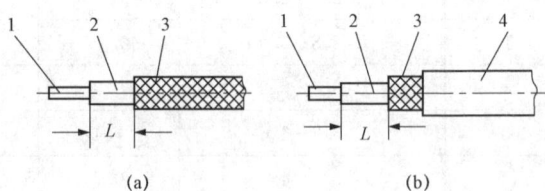

图 5 - 10 屏蔽线和同轴电缆的加工工序
1—线芯;2—内绝缘层;3—屏蔽层;4—外绝缘层

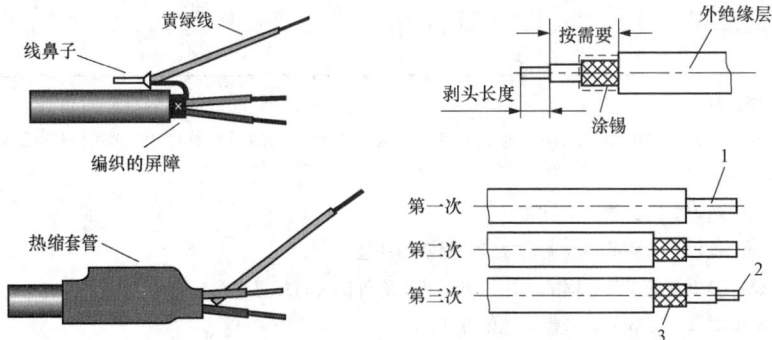

图 5 - 11 屏蔽线的制作

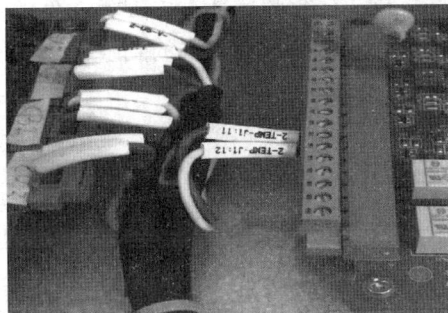

图 5-12 屏蔽线接线处理方法

2）屏蔽层接地原则上要求就近接地。

5.4 布线技术

5.4.1 布线基本设计原则

布线是实现变流器连接的重要环节。在相关部件、组件和各功能模块的空间布局时，要考虑到器件的电气连接，接线走线的布局，母线、相序的位置及连接安装位置、电缆穿孔等。

根据工作电流合理选择导线线径。根据电气要求对 A 相线、B 相线、C 相线、零线、地线、电源的正负极以及各个控制电缆配以相应的颜色，并根据要求进行"上、中、下""左、中、右"或"前、中、后"等空间位置安排。

5.4.2 光纤布线

光纤是光导纤维的简写，是一种由玻璃或塑料制成的纤维，可作为光传导工具。由于光纤质地脆弱，且其传输原理是"光的全反射"，所以对其布线有特殊要求。

（1）光纤在装配布线过程中严禁过度弯曲，布线折弯半径需满足：静态时为大于线径（一般为 $\phi3\text{mm}$）的 30 倍，动态时为大于线径的 20 倍。

（2）光纤在布线过程中，转弯、穿孔、经过有锐角的结构时，必须使用软性保护材料、波纹套管等辅助材料进行保护。

（3）光纤布线过程中要注意光纤头的防护，需要拔出的时候，尽量使用相关防护物品保护。

（4）光纤长度过长时，应将多余的光纤打圈固定在柜内。固定的位置尽可能隐蔽，并且保证光纤不会被挤压到，固定的扎带不可扎得太紧，以免损坏光纤。

5.4.3 线槽布线

（1）线槽要求材质阻燃，同一批产品颜色与材质一致，线槽齿边应光滑；线槽切割平整，无毛刺，无尖角；线槽过线孔应有护线齿防护，防止割伤电缆。

（2）自上而下将线束整好，将二次线敷设在专为配线、布线用的塑料走线槽内。

（3）在可拆卸盖板的线槽内，包括绝缘层在内的到线接头处所有导线截面积之和不应大于线槽面积的75%。

（4）对于传输信息的通信导线，应采取必要的防干扰措施；弱电信号的布线尽量不与主回路及其他电压等级回路的控制线同线槽布线。

（5）导线敷设在线槽内时，只需将导线清理整齐而无需捆扎，不允许把过多的导线藏在线槽内。符合规范的线槽布线如图5-13所示。

5.4.4 敏感线布线

合适的布线（包括线缆选择与布敷、屏蔽连接与工艺）可以有效地减少高频信号的干扰以及各种线缆中信号之间的相互干扰，提高变流器运行的可靠性。

一般布线原则是高压与低压隔离、高频与低频隔离、信号线与电源线隔离。

（1）大电流的电源线不应与低频的信号线相邻平行布线。

图5-13 线槽布线图

（2）高电压与低电压的信号线不宜相邻平行布线。

（3）高频信号输入线不应与输出线以及其他用途的导线相邻平行布线。

（4）高频信号传输应采用屏蔽线，屏蔽层单端可靠接地。

5.4.5 线缆布线

1. 线型分类

线缆大致分成以下几种类型，见表5-11。

表5-11　　　　　　　　　　　变流器线缆类型

类型	定义	具体内容	备注
一类	敏感信号线缆	网线、传感器电源及测量信号电缆，0～10mA、4～20mA、通信电缆（CAN，Profibus等）	单独布线
二类	低压信号线缆	DC24V低压控制信号，包括逻辑信号及电源、继电器和接触器控制电源线5V、±15V、±24V	单独布线
三类	常规电缆	230/380V、连接各种控制、配电的电缆	不用单独布线
四类	高压电缆/主电路电缆	交直流测量、交直流进出线，690V、DC1100V等	单独布线
五类	光纤	—	不是防干扰用，布线时需注意扎线带不能扎紧，不能过度弯折

注：这5类信号中，除第5类外，从易被干扰程度来看，按一至四的排列，一类线最易被干扰；从发射的电磁干扰程度，按四至一排列，四类线发射的干扰最强。

2. 线缆布线技术要求

各类电缆应按表 5-12 和表 5-13 距离布线,各类电缆分束扎线,尽可能分槽布线。不同类线缆需走同一路经走线而又不能分走线槽布线时可走同一电缆条的上下侧。

(1) 如果不同类的电缆发生交叉,电缆与电缆之间应呈直角交叉。

(2) 一类线缆必须使用屏蔽线,屏蔽层必须单端接地(特殊线缆除外),屏蔽层接地可以使用 $1mm^2$ 的黄绿线引线到最近的接地排或接地端子上,其引线长度应尽量短,原则上不超过 50cm;二类线缆可以采用屏蔽线,也可以采用双绞线。

(3) 一、二类线应避免与动力电缆长距离平行走线。

(4) 风机电源线应尽量单独布线,不可与一、二类敏感信号近距离走线。

(5) 若电源信号线不是屏蔽线,则其正负或 L/N 两根线需一起走线,以便降低干扰。

表 5-12 　　　　　　　　　　　　　不同电缆之间的间隔距离 　　　　　　　　　　　(单位:mm)

	一类	二类	三类	四类
一类	0	—	—	—
二类	0	—	—	—
三类	30～60	30～60	—	—
四类	150～200	150～200	90	—

表 5-13 　　　　　　　　　　　　一、二类线与干扰源之间的距离 　　　　　　　　　　(单位:mm)

序号	干扰源	辐射干扰(物理位置)	传导干扰(电缆)
1	电抗器	150～200	150～200
2	IGBT 模块	150～200	150～200
3	铜排	150～200	150～200
4	断路器	150～200	30～60
5	启停接触器	90	30～60
6	预充电接触器	90	30～60

3. 发热元器件附件布线要求

(1) 原则上不应该在指示灯、加热器、发热功率器件的正上方进行布线,注意使电缆尽量远离发热器件。在发热元器件上方敷设线束应符合表 5-14 的要求。

表 5-14 　　　　　　　　　　　　　　　发热元器件敷设要求

发热功率 /W	在发热元器件上方/mm		在发热元器件侧面或下方/mm	
	元器件允许 60℃	元器件允许 50℃	元器件允许 60℃	元器件允许 50℃
7.5	30	40	10	10
15	30	100	10	10
20～50	100	200	20	20
75～100	100	300	30	30

发热功率 /W	在发热元器件上方/mm		在发热元器件侧面或下方/mm	
	元器件允许60℃	元器件允许50℃	元器件允许60℃	元器件允许50℃
150	150	300	30	30
200	150	400	30	30
>200	>200	>400	>100	>100

（2）与电阻型器件连接的导线要确保连接可靠，功率在30W以上的不允许焊接。

（3）在变流器中个，发热温度在100℃以内的发热器件，导线与之距离需大于100mm（加热器、功率模块等）；发热温度在100～300℃的发热器件，导线与之距离需大于200mm（电抗器、变压器、不锈钢电阻等）。

（4）线缆与铜排保持25mm以上距离。

4．其他电缆布线要求

（1）功率电缆（120mm² 及以上高温电缆）原则上需三相一起走线，三相电缆呈三角状排列。功率电缆不需要走线槽，硅橡胶绝缘玻璃丝编织护套电缆，需外套波纹管，对电缆编织层进行防护。

（2）排线在布线安装过程中首先要确保连接牢靠紧固，排线在排线走线过程中需要自然舒展，不允许侧面反绞。排线布线原则上要求贴结构件走线，不允许出现悬空走线、飞线等，与功率线缆交叉时，要求垂直交叉。

（3）水冷管路上安装有PT100测温电阻和压力传感器等设备，其引出线均为敏感线，且材质非一般软线，布线过程中其线缆折弯半径须满足：静态时为大于线径（一般为 $\phi3$）的30倍，动态时为大于线径的20倍。

5.5　配线过程中的质量控制

5.5.1　操作者自检

当一次、二次配线完成后，操作装配人员应进行自检。根据电气原理图、配线图，对配线正确性进行自检。若发现接错之处，应及时进行改正。同时根据对应的装配工艺文件检查配线、布线、装扎工艺，如发现存在不正确的应及时进行改正。

5.5.2　质检员检验

自检完成后，将自检结果反馈给质检员。质检根据相应的质检文件、工艺指导书，全面地对装配过程进行生产质量检查，检验过程中操作者与检验员配合，对出现的错误及时进行改正，直至检验完毕。

5.5.3　过程记录控制

配线过程每个环节，导线压制、配线布线、装扎、防护等各个环节的每个阶段均需要做过程质量控制。过程质量控制有专职质检人员负责。在每一个环节，均需如实记录检验情况，在变流器生产完成发货前，检验记录需全部如实填写完整，不得空缺。

5.6　配线过程装扎防护工艺

5.6.1　导线的装扎

在电力电子产品中，由于分柜之间、电路之间的导线很多。为了使配线整洁、简化装配结构、减少占用空间、方便安装维修、使电气性能稳定可靠，通常将这些互连导线绑扎在一起，成为具有一定形状的导线束，以便于查找、运行、检修。

导线绑扎的工艺有以下要求：

（1）绑扎线束的导线应排列整齐，不得有明显的交叉和扭转。经绑扎后的线束和分线束应做到横平竖直，走向合理，整齐美观。

（2）不应将电源线和信号线捆绑到一起，防止信号受到干扰。导线在扎绑过程中不要形成环路，以防止磁力线通过环形线，产生磁电干扰。

（3）线束内应留有适量的备用导线和余量，以便进行更换。

（4）线束各个绑扎点一般在 100～200mm，要求在一类变流器生产中保持一致。在线束始末端、弯曲及分线前后必须扎牢，而在线束中间要求均匀分布。

（5）线束在分支转弯处应该有足够的弧度过渡，防止导线受损。通常弯曲半径应比线扎直径大 2 倍以上，所弯曲角度和曲率应一致。

（6）为防止与金属摩擦，可动部分的线束原则上一律要加套塑料缠绕管。需要经常移动位置的线束，将线束拧成绳状，并加套塑料缠绕管。外露在线槽外的柜内找平用线，面板接线的外漏部分必须用缠绕管保护。

（7）在绑扎过程不能用力拉线束内的任意一根导线，防止把导线中芯线拉断。

（8）绑扎的导线要求牢固、高度一致、方向一致，绑扎不应使端子排受到机械应力。

（9）不论怎么排列，尽可能要紧凑、整齐、美观、实用简单易行。

5.6.2　扎带处理

（1）扎线带要求材质阻燃，耐低温，同一型号扎线带规格、长度、颜色等要求一致。

（2）分支线束扎线带以固定住导线为主，原则上 50mm 扎一根扎线带。

（3）总体线束扎带的位置，两扎带捆扎距离一般在 100～200mm 左右，要求一台产品内或一产品段内距离应一致。在线束始末两端弯曲及分线前后，必须扎牢，而在线束中间则要求均匀分布。总体线束固定用扎线带，原则上使用三根以上扎线带，如图 5-14 所示。

（4）扎带应锁紧，扎带锁头位置一般放在侧边上角处，尼龙尾线裁剪平齐，不得有尖角，以防拉伤工作人员。扎线时，力量适中，扎线带不允许过分受力，不允许出现形变。

5.6.3 配线防护

（1）所有导线不得紧靠金属构件，可酌情使用托线架、剖开波纹管等；所有具有开合功能的门、盖不得磨线。变流器项目均有阻燃要求，因此要求所有防护辅料材质阻燃。

（2）当线束穿过或接触金属结构件时，金属件上一般要套橡皮圈或护线齿或格兰头加以防护。如果防护有困难时，二次线束必须包以波纹管或者尼龙网。

（3）配线作业过程中，需爱护屏内所有器件。不可划伤、蹬踩、冲击任何器物表面。

（4）不得在屏内机箱、电器上方进行剪、切、焊、扔操作，防止液体、杂物掉入机箱。屏柜交付时操作者对屏内清洁负责。

图 5-14 扎线带等间距分布

（5）不得将配线工具、物料等放置在器件上。

（6）电抗器、加热器、PLC 等有间隙的器件需做好表面薄膜防护，避免因杂物进入影响变压器其电气功能。

（7）禁止不带防护工具作业。例如，板件、模块等器件未带防护手套禁止触摸。

5.6.4 铜排及接地线连接

（1）接地母线上接地线出线垂直于母线横侧面，一般情况下母线左右各空两个接线孔，所有地线自母线中央开始且每孔接线不超过 3 根，如图 5-15 所示。各装置机壳端子标有接地符号的电气接点必须使用合适线径的黄绿线或编织带接至与屏柜接地螺柱相连的母线上。

（2）元器件的金属外壳必须有可靠接地。

（3）地线原则上不要求套波纹套管，但是要求走线横平竖直，固定好，不允许飞线。

（4）二次线的敷设不允许从母线相间或安装孔穿出。相间跨接线时，必须将线束固定好位置，确保一相铜排引出线距离另一相铜排有合适的安规防护和热防护距离，距离一般应保持在 25mm 以上。

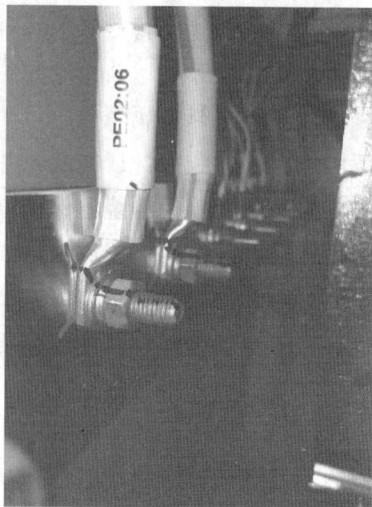

图 5-15 地排接线图

（5）各器件、屏蔽线地线就近接在地排上，各个地排之间用配线表规定线径的黄绿线相接，最后汇至总地排上。短接线以就近原则，走线横平竖直，外观整洁美观。

5.6.5 过活门处布线工艺

活门处之线束，应将一端固定在柜箱的支架上，另一端固定在活门的支架上，这一段线束的长度应是活门开启到最大限度时，两支架之间距离的 1.2~1.4 倍。并弯成 U 形，外面套上缠绕管，以保证活门在开启过程中不损伤导线。

活门与柜、箱间过门支架导线的配置如图 5-16 所示，图中线夹可用扎线带替代。

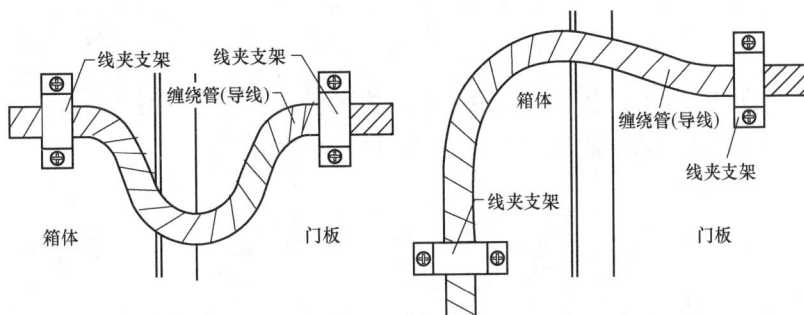

图 5-16　活门与柜、箱间过门支架导线配置图

过门处若导线数目较多时，为保证门开闭顺利及避免损伤导线，可从两处或两处以上过门。

5.6.6　门上布线工艺

柜门上布线应根据设计预留的孔安装插销式扎线带，再对电线进行等间距捆扎，柜门的指示灯、按钮等接线要保证横平竖直，合理的布线如图 5-17 所示。

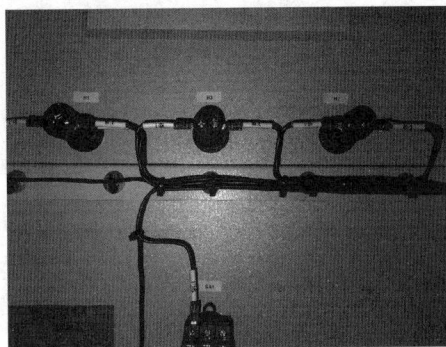

图 5-17　柜门布线

第6章 变流器安全工艺

电力电子产品的安全工艺主要包括产品的安规工艺、静电防护工艺设计。本章从这两个方面进行介绍，在产品工艺设计过程中，技术人员要有此类意识。

6.1 安 规 工 艺

产品的安规工艺设计是根据电力电子产品的运行要求和所在的环境条件，用来防止人身触电、人身受过高温危害、人身受辐射危害、人身受爆炸危害、人身受机械不稳定和运动部件危害、着火等对人体造成的伤害，以使产品符合相应标准的设计要求，提高产品性能、增强其可靠性。

6.1.1 安规工艺设计内容

安全的原则在于避免由于下列各种危险所造成的人体和财产损害或危害的可能性，如电击、能量、火灾、机械、热、辐射、化学等。

1. 电击

电击是由于电流通过人体而造成的，其引起的生理反应取决于电流值的大小和持续时间及其通过人体的路径。在干燥条件下，相当于一只手的接触面积上，峰值电压高达 42.4V 或直流电压高达 60V 的稳电位，都可能对人体造成触电危险。

为了防止使用人员遭到电击，通常要具有两级保护。因此，设备正常工作条件下和在单一故障（包括随之引起的其他故障）状态下运行都不会引起电击危险。然而，附加的保护措施（如保护接地或附加绝缘）不能用来取代设计完好的基本绝缘，或降低对基本绝缘的要求。电击可能造成危险的原因见表 6-1。

表 6-1　　　　　　　　　　　电击的风险及解决措施

序号	造成的危险的原因	减小危险的方法
1	接触正常情况下带危险电压的裸露零部件	用固定的或锁紧的盖、安全联锁装置等防止使用人员接触带危险电压的零部件；使可触及的带危险电压的电容器放电
2	正常情况下带危险电压的零部件和可触及的导电零部件间的绝缘被击穿	采用基本绝缘并把可触及的导电零部件和电路接地，由于过流保护装置在规定时间内断开发生低阻抗故障的零部件，使接触危险电压的可接触性受到限制；或者在零部件间安装一个与保护地相连的金属屏蔽，或者在零部件间采用双重绝缘或加强绝缘，以便使可触及零部件间的绝缘不会被击穿

序号	造成的危险的原因	减小危险的方法
3	接触与峰值电压超过 42.4V 或直流电压超过 60V 的通信网络连接的电路。使用人员可触及绝缘被击穿	限制这种电路的可触及性和接触区域，把它们与未接地的、接触不受限制的零部件隔离开
4	从带危险电压的零部件流向可触及零部件的接触电流（泄漏电流），或保护接地连接失效。接触电流可包括接在一次电路和可触及零部件之间的电磁兼容（EMC）滤波元件所产生的电流	使用人员可触及的绝缘应有足够的机械强度和电气强度，以减少与危险电压接触的，可能性把接触电流限制在规定值内；或提供更可靠的保护接地连接

2. 能量

大电流电源或大电容电路的相邻电极间短路时，可能导致引起的危险，如燃烧、起弧、溢出熔融金属。就此而论，甚至接触带安全电压的电路也可能是危险的。减小这种危险的方法包括隔离、屏蔽、使用安全联锁装置等。

3. 火灾

正常工作条件下过载、组件失效、绝缘击穿或连接松动都可能产生导致危险的过高温度。但是应保证设备内着火点产生的火焰不会蔓延到火源近区以外，也不会对设备的周围造成损害。减小这种危险的方法包括：

（1）提供过电流保护装置。

（2）使用符合要求的适当燃烧特性的结构材料。

（3）选择的零部件、元器件和消耗材料能避免产生可能引起着火的高温。

（4）限制易燃材料的用量。

（5）把易燃材料与可能的点燃源屏蔽或隔离。

（6）使用防护外壳或挡板，以限制火焰只在设备内部蔓延。

（7）使用合适的材料制作外壳，以减小火焰向设备外蔓延的可能性。

4. 机械

（1）可能导致危险的原因有：

1）尖锐的棱缘和拐角。

2）可能潜在地引起危害的运动零部件。

3）设备的不稳定性。

4）内爆的 IGBT 模块产生的碎片。

（2）减小这种危险的方法包括：

1）倒圆尖锐的棱缘和拐角。

2）配备防护装置。

3）使用安全联锁装置。

4）使设备有足够的稳定性。

5）选择能抗内爆封装良好的 IGBT 模块。

6）在不可避免接触时，提供警告标识以告诫使用人员。

5. 热

（1）正常工作条件下高温可能导致的危险：

1）接触烫热的可触及零部件引起灼伤。

2）绝缘等级下降或安全元器件性能降低。

3）引燃可燃液体。

（2）减小这种危险的方法包括：

1）采取措施避免可触及零部件产生高温。

2）避免使温度高于液体的引燃点。

3）如果不可避免接触烫热的零部件，提供警告标识以告诫使用人员。

6. 辐射

设备产生的某种形式的辐射会对使用人员和维修人员造成危险，辐射可以是声频辐射、射频辐射、红外线辐射、紫外线和电离辐射、高强度可见光和相干光（激光）辐射。

减小这种危险的方法包括：

（1）限制潜在辐射源的能量等级。

（2）屏蔽辐射源。

（3）使用安全联锁装置。

（4）如果不可能避免暴露于辐射危险中，要提供警告标识以告诫使用人员。

7. 化学

接触某些化学物品或吸入它们的气体和烟雾可能会造成危险。

减小这种危险的方法包括：

（1）避免使用在预定的和正常条件下使用设备时由于接触或吸入可能造成伤害的堆积的和消耗性的材料。

（2）避免可能产生泄漏或气化的条件。

（3）提供警告标识以告诫使用人员危险。

6.1.2　安规工艺设计方法

1. 器件选型要求

变流器产品的元器件在设计选型中，要求主要关键器件具有相关认证证书，如 CE、TUV、UL、VDE 等。

如果关键器件属于定制产品，厂家无相关认证证书，则需提供产品规格书、测试报告等资料，如果既无认证证书，又无产品测试报告的，要慎重选择使用此器件。

2. 防触电设计

（1）人体的电流效应。

在 IEC 标准《Standard ｜ Effects of current on human beings and livestock - Part 1：General aspects》（IEC 60479 - 1：2018）中人体的电流效应，根据皮肤阻抗来定义，人的皮

肤阻抗根据皮肤的湿度改变，干的时候达到 300 000Ω，潮湿时大约 500Ω，皮肤的阻抗也会随着周围环境温度、疲劳情况、空气湿度、惊吓、焦虑等因素改变。研究表明，99％的健康男人的心脏能够通过的电流见表 6-2。

表 6-2　　　　　　　　　　　　人体耐受电流

电流/mA	耐受电流的时间/s	电流/mA	耐受电流的时间/s
0.116	1	0.0232	25
0.0367	10	0.014	60

IEC 62477-1：2012 中规定人体的安全电压：电压不超过 60V（DC）、30V（AC）、42.4V（DC）峰值。

（2）防护要求。

设备在构造上应有足够的保护，防止操作人员接触区接触带危险电压的裸露零部件或配线的功能绝缘或基本绝缘。

1）配线的绝缘：配线不需要操作人员手动处置，且要安置适当，不能被操作人员无意拉起，或者适当固定使连接点免受拉力，使其不会接触到导电件上。配线绝缘穿透的距离不小于表 6-3 给出的数值。

表 6-3　　　　　　　　　　　　配线的绝缘穿透距离

工作电压 （在基本绝缘失效的情况下）		最小绝缘穿透距离/mm
U（峰值或直流）	U（有效值）（正弦）	
>71～350	>50～250	0.17
>350	>250	0.31

注：绝缘穿透距离指绝缘的厚度，工作电压指特殊绝缘件上或者当设备在额定电压下正常工作时可能承受的最高电压。

2）在操作人员接触区不应有能量危险。

3）导电的操作旋钮、把手、控制杆等不要连接在带有危险电压的零部件上，也不应连接到电路上。

4）设备在设计上应保证在交流电网电源外部断接处，尽量减少因接在一次电路中的电容器储存有电荷而产生的电击危险，并应标明电容的放电时间。

5）在维修接触区，带危险电压的裸露零部件应做适当的安装或隔离防护，以便在对设备的其他零部件进行维修操作时，不会发生不留神接触到这些裸露零部件的情况。

（3）电压等级和绝缘防护。

在 IEC 标准《Safety requirements for power electronic converter systems and equipment -Part 1：General》（IEC 62477-1：2012）中，防电击的设计依赖于电路的电压确定等级，表 6-4 给出了相关电压确定等级电路的工作电压的限值，电压确定等级依次指出了电路防护的最小要求。

表 6 - 4　　　　　　　　　　　　不同等级电路工作电压的限值

等级	工作电压限值		
	AC 电压（方均根）U_{ACL}	AC 电压（峰值）U_{ACPL}	DC 电压（均值）U_{DCL}
A1	8	11.3	22
A2	12	17	28
A3	20	28.3	48
A	30	42.4	60
B	50	71	120
C	＞50	＞71	＞120

各电压等级电路的防护要求如下：

1）电压确定等级 A 的电路（ClassA 电路）。

ClassA 电路不要求：防止直接接触；裸露导体的保护连接。

ClassA 电路要求：和 ClassB 电路至少需要提供基本绝缘；与 ClassC 电路做到保护隔离，两者之间需要提供基本绝缘（与更高电压电路间已经提供附加绝缘来防止直接接触）。

2）电压确定等级 B 电路（ClassB 电路）。

ClassB 电路不要求：裸露导体的保护连接。

ClassB 电路要求：防止直接接触；与其他的 ClassB 电路之间至少需提供基本绝缘；与 ClassC 电路之间需要提供保护隔离（如果 ClassB 电路通过基本绝缘来防止直接接触）；与 ClassC 电路之间需要提供基本绝缘（如果对更高电压电路已经提供附加绝缘来防止直接接触）。

3）ClassC 电路要求：防止直接接触；与其他的 ClassC 电路之间至少需要提供基本绝缘；裸露导电体需要保护接地或双重绝缘或加强绝缘。

以大功率电力电子产品风电变流器为例，依据电压等级和绝缘等级要求对变流器进行绝缘设计如图 6 - 1 所示。

如图 6 - 1 所示，可接触部分，即 I/O 部分，也就是控制部分的输出端子；不可接触部分（危险电压），即 CPU 部分，驱动部分，电源部分。I/O 部分与 CPU 部分之间是加强绝缘或对一次侧的附加绝缘，CPU 部分和一次电路之间采用的是基本绝缘。也就是说在可接触部分和不可接触部分（危险电压）之间采用了加强绝缘。

变流器的绝缘防护配置框图如图 6 - 2 所示。一次侧和二次侧之间采用基本绝缘加附加绝缘的措施，驱动部分和 CPU 控制部分采用基本绝缘。二次侧的 CPU 控制部分和 I/O 端子之间以及操作面板采用基本绝缘的光耦隔开，也就是加一级基本绝缘作为一次侧的附加绝缘。

（4）电气间隙和爬电距离。

1）电气间隙，两个导电零部件之间或导电零部件与设备界面之间测得的最短空间距离，如图 6 - 3 所示。

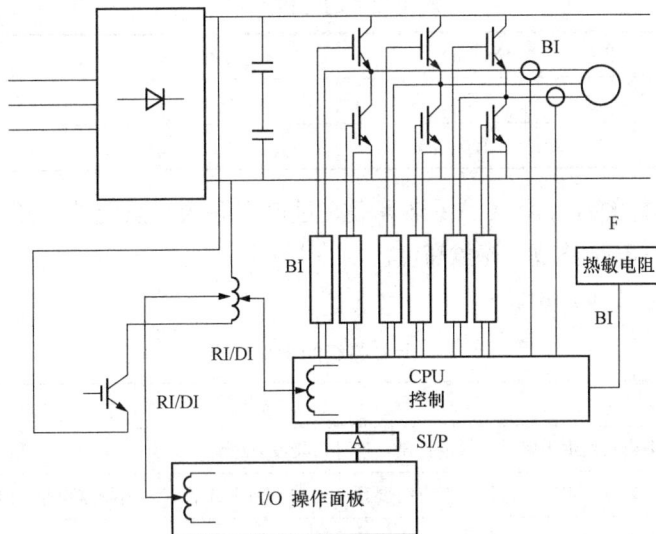

图 6-1　变流器的绝缘设计

图中 SI/P—对一次侧的附件绝缘；BI—基本绝缘；RI/DI—加强绝缘和双重绝缘。

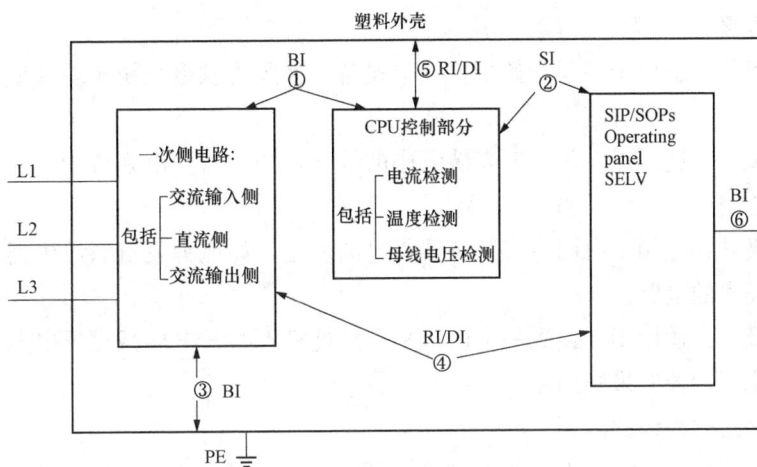

图 6-2　变流器的绝缘防护配置框图

2）爬电距离，沿绝缘表面测得的两个导电零部件之间或导电零部件与设备界面之间的最短距离，如图 6-4 所示。

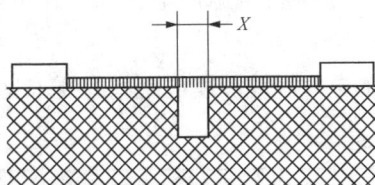

图 6-3　电气间隙（单位：mm）

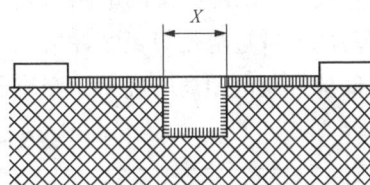

图 6-4　爬电距离（单位：mm）

爬电距离大于或等于电气间隙，爬电距离的开槽尺寸 X 根据污染等级来确定，见表 6-5。

表 6 - 5 爬电距离的开槽尺寸

污染等级	X/mm	污染等级	X/mm
1	0.25	3	1.5
2	1.0		

3）影响绝缘选择的八大因素：污染等级、过电压等级、系统的电压、工作电压、绝缘类型、绝缘的位置、电路类型、海拔高度。

①污染等级的定义（表 6 - 6）。

表 6 - 6 污染等级的定义

污染等级	说明
1	无污染或只发生干燥、不导电污染，这种污染没有影响
2	通常，只发生不导电污染。但有时要预计到 PDS 不工作时会由凝露引起暂时性导电
3	导电污染或预期的由于凝露使所发生的非导电污染变成导电污染
4	污染会发生例如由导电灰尘或雨雪引起的持续导电

变流器产品的污染等级一般选择 3 级。

②过电压等级。

过电压等级Ⅳ：适用于装置开始端使用的设备，如风力发电系统中箱式变压器和风力发电机之间的电路。

过电压等级Ⅲ：适用于在固定安装装置中的设备，如风力发电系统中变流器主回路与发电机侧相连的电路。

过电压等级Ⅱ：适用于由固定安装装置供电的设备，如风力发电系统中通过变流器主回路经过变压器隔离的电路。

过电压等级Ⅰ：适用于连接到一个已经采取措施将瞬时过电压减至低电压水平的电路上的设备，如变流器的控制采样回路。

③影响电路之间绝缘的因素。

（a）电路和环境之间的基本绝缘、加强绝缘、附加绝缘满足脉冲电压，或瞬时过电压，或电路的工作电压。

（b）直接与主电路相连的电路与其周围电路之间满足脉冲电压、瞬时过电压、工作电压的重复峰值的要求，取最严厉的要求。

（c）非直接与主回路相连的电路与其周围电路的绝缘符合脉冲电压和工作电压的要求，两者中较严厉的，按过电压等级 2 评估。

④电气间隙和爬电距离的确定。变流器产品中的电气间隙和爬电距离的要求见表 6 - 7。

表 6 - 7 电气间隙和爬电距离

额定线电压 U/kV	电气间隙/mm	爬电距离/mm
0.38（0.4）	8	12

续表

额定线电压U/kV	电气间隙/mm	爬电距离/mm
0.66 (0.69)	12	22
1 (1.05)	16	32
1.14 (1.2)	18	35
2.3 (2.4)	28	55
3 (3.15)	36	75
6 (6.3)	100	125
10 (10.5)	125	160

变流器产品在海拔 2000m 及以下时不需进行海拔修正，可以正常使用，但超过 2000m 时应进行海拔修正，应按表 6-8 的修正系数增加电气间隙及爬电距离。

表 6-8　　　　　　　　　　　　　海拔修正系数

海拔/m	正常气压/kPa	电气间隙和爬电距离的倍增系数
2000	80.0	1.00
3000	70.0	1.14
4000	62.0	1.29
5000	54.0	1.48

⑤接地。在电力电子设备中，为了防止静电或保护设备，将设备和用电装置的中性点、外壳或支架与接地装置用导体作良好的电气连接叫做接地。接地是抑制电磁干扰，提高电子设备电磁兼容性的重要手段之一。

（a）接地的原因。在安规中接地时出于安全角度考虑，主要是以下几个方面：

a）等电位化。假设有两台仪器的外壳，各有不同的电位存在，当有人无意中同时触及这两台仪器时，很明显地会有被电击的危险。因此，若能将所有的仪器做适当的接地，那么便可以将电位差的危险降低许多。

b）异常保护。当公共变电器的绝缘因异常状况而崩溃时，接地的措施便可以将一次侧的高压短路到大地，减小危险的发生。

c）稳压作用。大地可以算是一个很稳定的电位，因此，接地也可以提供一个很平稳的参考点。

d）加速过电流保护元件的动作。在异常状况发生时，因接到大地而引起的大电流可以催促熔丝之类的过电流保护元件提早动作，而达到保护的功能。

e）将漏电流旁流。电气产品都会有漏电流的情形出现，只是大小不同而已，造成漏电流最主要的原因，是杂散电容的存在，以及处理电磁干扰的技术不恰当所引起，有了接地措施，便可以将这些漏电流带走。

（b）接地分类。

a）系统接地。即一般配电系统的接地，通常由公共变压器二次侧的中间点来接。主要分为 TN‐S、TN‐C‐S、TN‐C 等几种。

b）设备接地。指产品外壳的接地，其目的是在于绝缘系统崩溃时，提供一个旁流的通径。

c）防雷接地。即防雷器接地，把可能受到雷击的电气设备和大地相连，以提供泄放大电流。

d）功能接地。不为安全目的而设的接地，如防止静电或防止杂讯干扰的接地，以及为取得电位基准点而进行的接地等。

e）屏蔽接地。屏蔽接地是和结构有关的措施，屏蔽结构并不需要与大地连接，连接大地对提高屏蔽效能不起作用，屏蔽结构接到大地上往往是安全等方面的需要。为了防止电磁辐射和干扰，系统设计中常采用结构屏蔽的方法，为了使结构有较好的屏蔽效能，要求结构箱体的开孔尺寸有一定限制，特别是通风口。

（c）接地要求。

a）接地线不能串联保险丝或开关等装置。

b）接地线不一定要有绝缘层，若使用绝缘层，则必须使用绿色或黄绿色为其标色。

c）若产品之插头或插座的形状是三个端子，则接地端一定得长于其他两端，原因是确保在插电时，接地端先接触，而在拔开电源时，接地端可以最后分开。

d）接地的设计必须能够使维修者在进行维护时，不需将之分开，除非是危险电压部分得以先分开。

e）接地时，避免使用不恰当的两种金属丝做连接，因为不同的金属，有些会彼此产生电化作用，一是导致金属之间有了电位差，二是会加速金属的腐蚀或变质的过程。

f）接地的阻抗不能大于 0.1Ω。测试的方法通常是先通过一个 25A、12V 或 6V 以下的电压，然后量测接通径的压降。

图 6‐5　接地标识

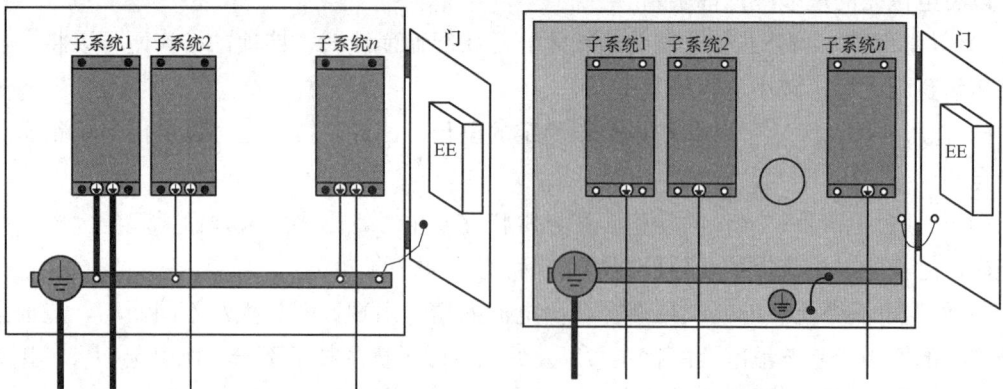

g）保护接地导体在相应位置要粘贴接地标识，如图 6‐5 所示。

h）各部位的接地要等电位联结，防止人体触摸柜体时触电，如图 6‐6 所示。

图 6‐6　等电位联结

(d) 保护接地设计原则。设备的零部件应可靠地连接到设备的电源保护接地端子上。

a) 接地的符号一般依据《电气设备用图形符号　第 2 部分：图形符号》(GB/T 5465.2—2023) 采用 ⏚ 或 ⊕ 。

b) 保护接地的导线的颜色应是绿黄双色，如果保护接地的导体是带绝缘的，则该绝缘的颜色应是绿黄双色的。

c) 1kV 以下电源中性点直接接地时配置保护接地线、中性线或保护接地中性线系统的电缆芯线截面应符合下列规定：铜导体，不小于 $10mm^2$；铝导体，不小于 $16mm^2$。保护地线的截面，应满足回路保护电器可靠动作的要求，并应符合表 6-9 的规定。

表 6-9　　　　　　　　　　　　保护地线的截面　　　　　　　　　　（单位：mm^2）

电缆相芯线截面	保护地线允许的最新截面	电缆相芯线截面	保护地线允许的最新截面
$S \leqslant 16$	S	$400 < S \leqslant 800$	200
$16 < S \leqslant 35$	16	$S > 800$	$S/4$
$35 < S \leqslant 400$	$S/2$		

d) 保护接地的接线端子。需要保护的接地设备应具有一个电源保护连接端子，端子的设计应防止导线偶然脱落，并且用来载流的端子设计应有充足的余量来满足要求。所有的垫片、螺柱、螺母型保护接地端子用符合表 6-10 中最小尺寸的要求。

表 6-10　　　　　　　交流电网电源导线和保护接地导线的接线端子的规格

设备的额定电流 /A	最小标称螺纹直径/mm	
	柱型或螺栓型	螺钉型
$\leqslant 10$	3.0	3.5
$>10 \sim \leqslant 16$	3.5	4.0
$>16 \sim \leqslant 25$	4.0	5.0
$>25 \sim \leqslant 32$	4.5	5.0
$>32 \sim \leqslant 40$	5.0	5.0
$>40 \sim \leqslant 63$	6.0	6.0

注："螺钉型"系指夹紧螺钉头下的导线的端子，有或没有垫圈。

e) 保护接地的完整性。在电气设备组成的系统中，不管系统中的设备是如何连接的，都应当保证需要保护接地连接的所有设备都有保护接地功能。

(e) 功能接地设计原则。设备或系统中用于安全目的以外的点接地。

a) 接地符号：一般依据《电气设备用图形符号　第 2 部分：图形符号》(GB/T 5465.2—2023)，采用：⊕ 或 ⏚ 。

b) 不能使用保护接地的符号。

c）导线颜色：内部功能接地的导线颜色不能使用绿黄双色导线。

以风电变流器为例，常见的为电网三相进线外加一根或多根地线，因此风电变流器可以设计一根总接地排或多根接地排，柜内的主回路接地和元器件接地线根据就近原则连接至地排上，最后采用单点接地或多点接地的形式，在总地线出线端口，通过一根或多根地线与风电机组接地网相连；当柜内设置多根地排时，多根地排之间要用金属导体连接起来，使柜内组成一个完整的接地网络。可以根据短时耐受电流来设计接地排的截面积：接地排应能承受 1s 额定短时耐受电流，此电流相当于在其额定截面积上的每平方毫米通以 120A 的电流。

3．布线与线路连接要求

（1）布线防护。

1）设备在正常负载条件下工作时，其内部布线和互联电缆的截面积应当与他们预订要承载的电流相适应，以使导线绝缘温度不会超过允许的最高温度。

2）导线槽应当光滑而且无锋利的棱角。导线应当有适当的保护，以保证这些导线不会接触到可能会损伤导线绝缘的毛刺、散热片、活动零部件等。

3）绝缘导线穿越的金属孔应当具有光滑的经充分倒圆的表面，或者装有防护套。

4）电缆和多股信号线以外的绝缘导体，黄绿色只可作接地线。

5）内部布线应当以适当的方式连接、支撑、夹持或固定，以防止接线端子处产生过应力，松动。

（2）线路连接。

1）如果需要电气接触压力，则螺钉与金属板、金属螺母或金属嵌装件应当至少啮合两个全螺纹。

2）导体连接应当紧固，在正常使用时不能发生位移，而使爬电距离和电气间隙低于标准。

3）锡焊连接：焊接线，要先将导线钩在焊接孔中；导线和连接端子上要套热缩套管；焊接的导线在焊点附件要就近固定。电路板上除器件以外的其他焊点应有额外的机械固定方式。

4）保持连接并载流的端子必须由能够承受足够机械应力的金属做成。

4．防热和防火设计

（1）器件的热要求。器件的热危害主要有：

1）设备的可接触器件温升过高，会烫伤使用者。

2）设备中的元器件，长期处于高温环境下对其性能有影响。

3）绝缘材料在高温的环境中，会发生的绝缘性能下降，甚至熔解的危险。

应当选择适用于元器件和设备结构的材料，使得在正常负载下工作时，温度不会超过本部分含义范围内的安全值。对工作在高温下的元器件应当有效的屏蔽或隔离，以避免其周围的材料和元器件过热。操作人员可接触区域的可触及零部件的温度不得超过表 6-11 中的值。

表 6-11　　　　　　　　　　　　　　　接触温度的限值

操作人员接触区的零部件	最高温度/℃		
	金属	玻璃和陶瓷	塑料和橡胶
仅短时间被握持或被接触的把手、旋钮、提手等	60	70	85
正常使用时被连续握持的把手、旋钮、提手等	55	65	75
可能会被接触到的设备外表面	70	80	95
可能会被接触到的设备内表面	70	80	95

注：下述零部件的温度超过 100℃是允许的：

　　1. 在正常使用时不可能被触及的、尺寸不超过 50mm 的设备外表面上的某一部位。

　　2. 如果操作人员很清楚地知道设备的某个零部件需要热量来完成预定功能。在设备的邻近发热零部件的显著位置应当有警告标识。

（2）热危险的防护。

1）避免高温。

2）限制接触高温器件。

3）避免可燃材质的温度超过其着火点。

4）所有高温器件要求必须贴高温标示，高温器件包括电抗器、加热器、耗能电阻，如图 6-7 所示。

5）高温器件（包括铜排、加热器、不锈钢电阻等）周围 100mm 范围不允许布线扎线，导线或光纤等线缆在高温器件周围布线时必须捆扎牢靠。严禁装扎在高温器件上。原则上尽量避免在高温器件周围布线，如果必要，必须用耐高温的波纹管进行防护。

用于支持非绝缘带电体的材料应满足以下要求：

1）应该通过温升测试满足最高温度的要求。

2）应能通过 850℃的灼热丝引燃试验。

3）CTI 值应该大于或等于 100。

（3）防火的要求。

电气产品的最大危险是火灾，产品的自燃并扩展至周围环境，会造成巨大的人员伤亡和财产损失。塑料是引起火灾的主要原因，如塑料未经过防火处理，将会是主要的火源。过载、元器件失效、绝缘击穿、连接松动都可能产生导致着火的温度，如无保护措施，将会引起火灾。

防火措施主要有：

1）提供过电流过温保护。

2）避免高温。

3）引燃材料远离着火源。

4）限制易燃材料的数量。

5）采用高阻燃等级的材料。

图 6-7　高温标示

6）使用防火防护外壳。

材料阻燃性要求：

1）柜内所有器件、辅料阻燃等级须高于 UL94 - V1（对样品进行两次 10s 的燃烧测试后，火焰在 60s 内熄灭。不能有燃烧物掉下）。

2）扎线带：需要采用耐低温和高温的扎线带，温度范围下限为－40℃，温度上限为 150℃，阻燃等级要求高于 UL94 - V1。

3）缠绕管、波纹管：阻燃等级要求高于 UL94 - V1。

4）热缩套管：阻燃等级要求高于 UL94 - V1，温度应大于或等于 125℃。

5）走线槽：阻燃等级要求高于 UL94 - V1。

6）批量生产前，以下物料必须验证阻燃性：线材、扎线带、波纹管、线槽、走线槽等。

5. 防机械能量的要求

在正常使用的条件下，各设备单元和设备结构上引起的不稳定性不得达到会给操作人员和维修人员带来危险的程度。机械能量的危险主要有：

（1）锐利的边缘会对人体伤害和元件的损害。

（2）运动部件（如风扇的叶片）如可触及，会对使用者造成伤害。

（3）如摆放不平稳，设备易翻到，导致对使用者和周围环境造成伤害。

（4）外壳强度不够，易受力破裂而造成危险带电部件可触及。

（5）电源线固定不可靠，如以外力拉出，造成触电危险。

设备各部分之间在安装时应该进行机械防护，设备所有的导体和和绝缘体应该满足电气、机械、热和使用环境的要求，机械防护措施有：

（1）旋转部件（风机）周围必须有防护，旋转部件上不允许有非永久固定的附件。

（2）柜体结构件、钣金件的锐角、锋利边、过线孔必须加装防护装置，避免线缆受损。对于突出、尖锐的结构件和螺钉，需加装防护装置。

（3）侧门安装完成后，需要进行推敲测试，确保门板安装牢靠，防止松动。

（4）走线槽应当光滑无锋利的锐角；过线孔是否具有光滑倒圆的表面或者防护措施。

（5）水冷软管穿孔是否有防护，过线孔是否具有光滑倒圆的表面或防护措施。水冷管路紧固不允许出现形变，活动机构上附带的软管在活动过程中，不运行出现过分受力、挤压变形等现象；水冷管路与带电器件距离满足安规距离；水冷软管距离热源（加热器、电抗器、变压器等）距离符合水管热防护距离。

（6）柜门安装完成后，开合 5 次，确保柜门安装完好。

（7）外部防护罩应当承受 250±10N 的恒定作用力持续 5s，该作用力通过一直径为 30mm 的圆形平面试验工具依次施加到已安装在设备上的防护外壳的顶部、侧面上。

（8）安装在操作人员区的外壳零部件应当承受 30±3N 的恒定作用力持续 5s。

（9）除了作为外壳用的零部件以外的组件和零部件应当承受 10±1N 的恒定作用力，不能影响到安全。

6.2　防静电设计

6.2.1　静电防护对象

静电防护措施是电力电子产品核心组件的组装环境和作业人员的必要条件。需要采取静电防护的器件主要包括整流模块组件、IGBT 模块组件、PCB 电子板组装等。

防护对象主要是静电敏感器件（ESDS），ESDS 是在常规处理、测试或运输过程中会受到静电场或静电放电损坏的电力电子器件、半导体、集成电路、晶体管组件。

6.2.2　静电防护区域

配备各种防静电设备和器材、能限制静电电位，具有确定边界和专门标记的适于从事静电防护操作的场所叫防静电工作区。凡是操作或生产静电放电敏感电子产品（元器件）的场所，都应视为需要防静电的工作区，在该区域内不论是硬件还是软件管理都应符合防静电系统构成的要求。同时在工作区内任一指定空间所允行的对大地（接地）的静电电位值不超过 $\pm100\mathrm{V}$（A 级），或者不超过 $\pm1000\mathrm{V}$（B 级），如图 6-8 所示。

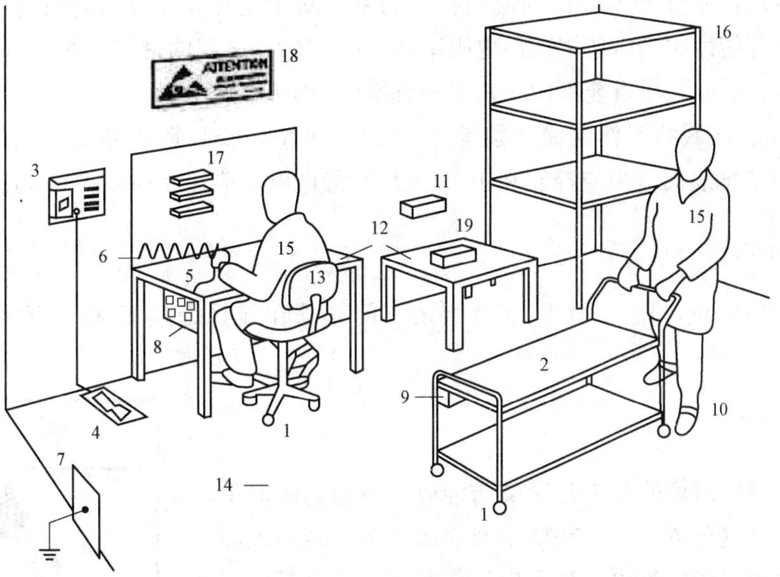

图 6-8　防静电工作区域

1—防静电接地轮子；2—接地的工作表面；3—防静电仪表；4—鞋袜试验器；5—腕带和腕带接地；6—接地线；
7—静电放电接大地装置；8—静电地；9—接地连接点；10—脚跟带（静电鞋）；11—消电器（离子风机）；
12—防静电台（桌）垫；13—防静电椅；14—防静电地板；15—防静电工作服（带防静电帽）；
16—防静电存放架；17—防静电托盘（架）；18—防静电工作区警示标记；19—机器设备

6.2.3 防静电设计

防静电基本考虑方式有防止静电产生；对带电体进行静电泄漏；避免静电放电（适量缓慢释放）。

1. 防静电接地

作为防静电对策的根本，应设置专用静电接地线，并与设备用接地线分离，在区域内单独铺设防静电对策用的接地线。

（1）防静电总线与大地电阻应小于 50Ω，各防静电地线与防静电总线间电阻应小于 10Ω，且连接处有接地标示。独立可靠的接地装置不得与电源零线、防雷线共用。

（2）设备和工作台接地线线径不小于 $1.5mm^2$，支干线接地线径不小于 $6mm^2$，接地主干线线径不小于 $100mm^2$。

（3）防静电设备连接端子应接触可靠、易装拆，可使用鳄鱼夹、插头座等。

2. 温度、湿度控制

在环境的温、湿度方面应进行管理，温度尽量控制在 $15\sim30℃$，湿度控制在 $45\%\sim75\%$ 范围，禁止在相对湿度低于 30% 的环境内操作 SSD（静电放电敏感器件）。

3. 作业设备与环境

对作业台及作业椅子等工程内使用物品的基本对策是连接接地线，确保静电的释放路径。在有带电可能性的场所使用表面电阻率在 $104\sim109\Omega$ 之间的材料，并且与防静电对策用接地线相连接。另外，尽可能不用不锈钢板直接作为防静材料。

各 ESD 防护区域的工作台面必须铺有 ESD 防护垫，ESD 防护垫必须与防静电地线连接。ESD 防护垫的表面电阻应控制在 $10\sim100\Omega$，静电电压应控制在 50V 以内。

6.2.4 防护标识

在重点防护区域，模块、CP、CB 组装车间必须在显目处挂 ESD 防护牌，如图 6-9 所示。

6.2.5 作业人员

作业者防静电对策的基本是穿戴防静电作业服、静电手环和静电鞋。通常情况下，人体和椅子及衣服摩擦、鞋与地面的摩擦等会产生数千伏的静电。防静电工作服可以抑制带电，并且可以通过静电手环和静电鞋接地，不对半导体放电。其中最基本的要求是所有接触半导体和电路板（PCB）的作业人员都应严格遵守各项规定。

图 6-9 ESD 防护牌

1. 防静电腕带

（1）操作 ESDS 器件的人都应使用防静电腕带，腕带与防静电地线相连，迅速将人体静电荷泄漏到大地。一般的防静电腕带由带扣、带子和接地连接线组成，如图 6-10 所示。带子、带扣和接地连接线具有良好的电气接触。为了保证操作人员安全，通常在腕带的接连接

线上串有一只 $1M\Omega$ 电阻，以限制人体触电时流过的电流不大于 $5mA$。腕带系统对地电阻值应在 $106\sim108\Omega$ 范围内。

（2）防静电区域人员作业前必须佩戴经过检验合格的防静电环，且佩戴时防静电环的金属部分必须紧贴皮肤，另一端夹在防静电地线上。操作人员需在核心组件装配过程中进行佩戴。

图 6 - 10　防静电腕带

（3）静电带测试。将静电带按上述方法戴好，用静电带一端夹住线杆，插入静电带测试的插孔，用手按下静电带测试的另一端，操作人员在进入核心组件车间，装配前需进行测试，如图 6 - 11 所示。

1）LOW 灯亮，表示短路，此时红灯亮，静电环不可使用。

2）GOOD 灯亮，表示工作正常，此时绿灯亮，静电环可以使用。

3）HIGH 灯亮，表示开路，此时红灯亮，静电环不可使用。

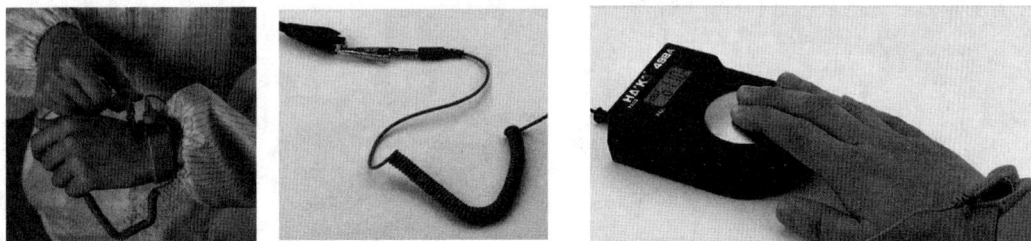

图 6 - 11　静电环的检测

2. 防静电服

防静电工作服采用导电纤维和棉等混纺制成，或用渗碳或导电合成纤维布制作。当与其他物体摩擦时，产生的静电通过导电纤维与人体的接触泄露或通过导电纤维间的电晕放电、耗散，从而防止静电积累。在核心组件装配过程中，操作人员必须穿戴防静电服，如图 6 - 12 所示。

3. 防静电手套

操作 ESDS 的器件的人所使用的手套，是用加入抗静电剂的乳胶制成，用以预防 ESDS 器件因不等电位造成损失。手套的表面和体积电阻应低于 $1.0\times10^9\Omega$。防静电手套可避免操作人员手指直接接触静电敏感元器件。在核心组件装配过程中，操作人员必须带专用的防静电手套，如图 6 - 13 所示。

静电服

应无破损，扣紧

静电鞋

双脚都须穿带！

图 6 - 12　防静电服的穿着

6.2.6　注意事项

（1）在接触静电敏感器件之前，请触摸金属接地设备。将身体表面和服装上的静电泄放掉。

（2）生产装配的装配工具，在装配之前需要进行接地，将工具自身携带的静电泄放掉。

（3）在装配静电敏感器件前，将装配工具接触金属接地设备，将表面的静电泄放掉。

（4）操作人员禁止穿戴化纤、塑料等容易产生静电材质的衣物，使用类似容易起静电的工具等。

（5）IGBT 模块生产车间及生产线上，必须配备专业的防静电设施，操作人员在作业时配备穿戴防静电设备，防静电设备必须正确穿戴。

图 6-13　防静电手套

（6）Primepack 模块出厂前，门级敷有保护铜箔来防止静电击穿，在安装驱动板之前要小心保护该铜箔不被碰掉或人为拿掉，不要用手触摸该段区域。类似 IGBT 器件的门级防静电，也遵循该要求；Semix854 等采用弹簧压接的 IGBT 器件，不要用手触摸任何弹簧端子。

第7章 变流器的工艺管理

变流器工艺管理的主要任务是通过对全过程的工艺指导、工艺监督、工艺支持和工艺改善，不断提高产品的可制造性，为提高产品的制造质量、降低制造成本、缩短制造周期提供有力的支持。本章从工艺的管理方针与目标、业务流程、关键业务的运作模式、组织与职责、业务操作指导五个方面进行系统描述，规范和指导制造工艺管理工作，促进工艺管理工作的整体能力和绩效的提升。

7.1 工艺管理方针与目标

7.1.1 工艺管理方针

运用工艺技术和管理方法，为集成供应链各环节提供工艺管理和工艺技术支持，通过工艺的管理和优化，提高产品的可制造性，提高产品制造质量，降低制造成本，缩短制造周期。

7.1.2 工艺管理目标

工艺管理的目标主要包括四个方面，见表7-1。各管理目标之间的相互支撑关系如图7-1所示。

表7-1 工艺管理目标

序号	管理目标	计算方法
1	生产效率	产品工时/总出勤工时
2	产品全过程直通率	加权直通合格产品数/总投入产品数
3	一次开箱不良率	一次开箱不良数/开箱总数
4	生产效率提高率	（本期生产效率/前期生产效率）—1

注：1. 生产效率是衡量单位时间内完成的工作量与所投入资源之间比例关系的指标。

2. 产品全过程直通率能够体现产品生产过程中在所有工序下产品直达到成品的能力，是反映企业质量控制能力的一个参数。

3. 一次开箱不良率反映了产品在开箱安装调试阶段的质量状况，是衡量产品质量管理效果的重要指标之一。

4. 生产效率提高率是指在生产过程中，通过改进措施后，生产效率相对于改进前的提升程度。

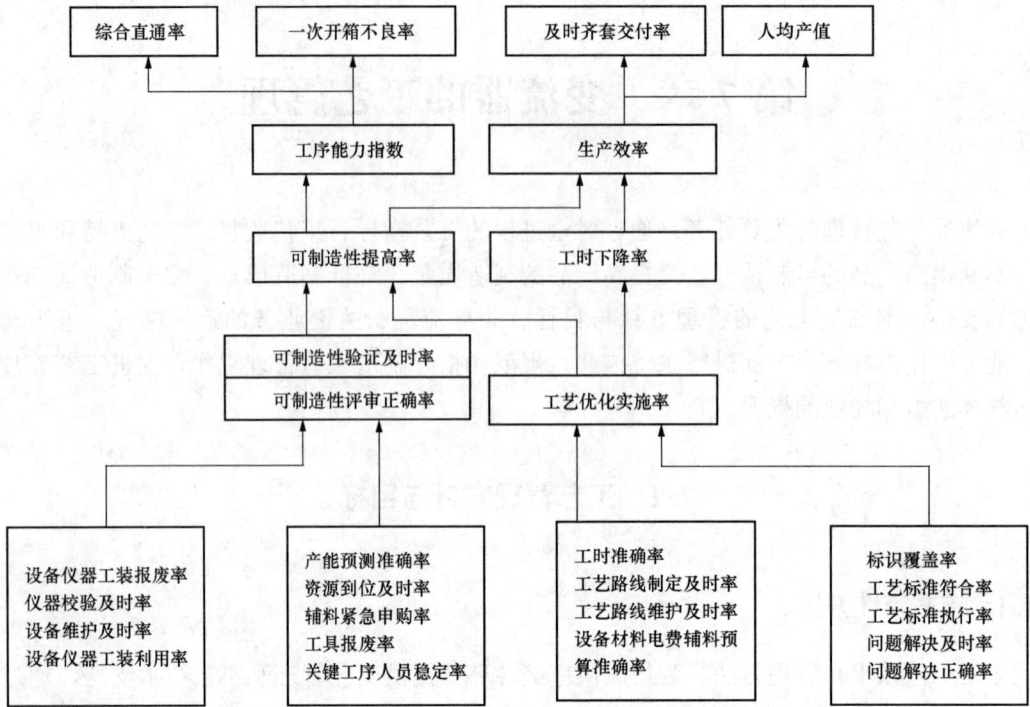

图 7 - 1 管理目标之间的相互支撑关系

7.2 工艺业务流程

7.2.1 工艺业务价值

工艺业务价值追求的最终目标是"高质量、高效率、低成本"。

实现工艺业务价值最终目标的核心运作是"提高产品可制造性"。在工艺维护和管理的不断提升的基础上，通过研发阶段的可制造性设计、中试阶段的可制造性验证，使产品的可制造性处于一个较高的水平，并在量产阶段不断进行工艺优化以提高可制造性，最终实现"高质量、高效率"的目标。

工艺业务运作的保证是：

（1）三大主业务管理（可制造性管理、工艺维护与管理、工艺优化）。

（2）两大驱动管理（流程管理、组织管理）。

工艺业务价值结构如图 7-2 所示。

7.2.2 工艺业务流程层级

工艺业务所依承的关键业务有三个层次：可制造性管理、工艺维护与管理、工艺优化。可制造性管理是追求的愿景，工艺维护与管理是例行化的基础业务，工艺优化是业务水平的持续提高。工艺业务的核心是提高产品可制造性，如图 7-3 所示。

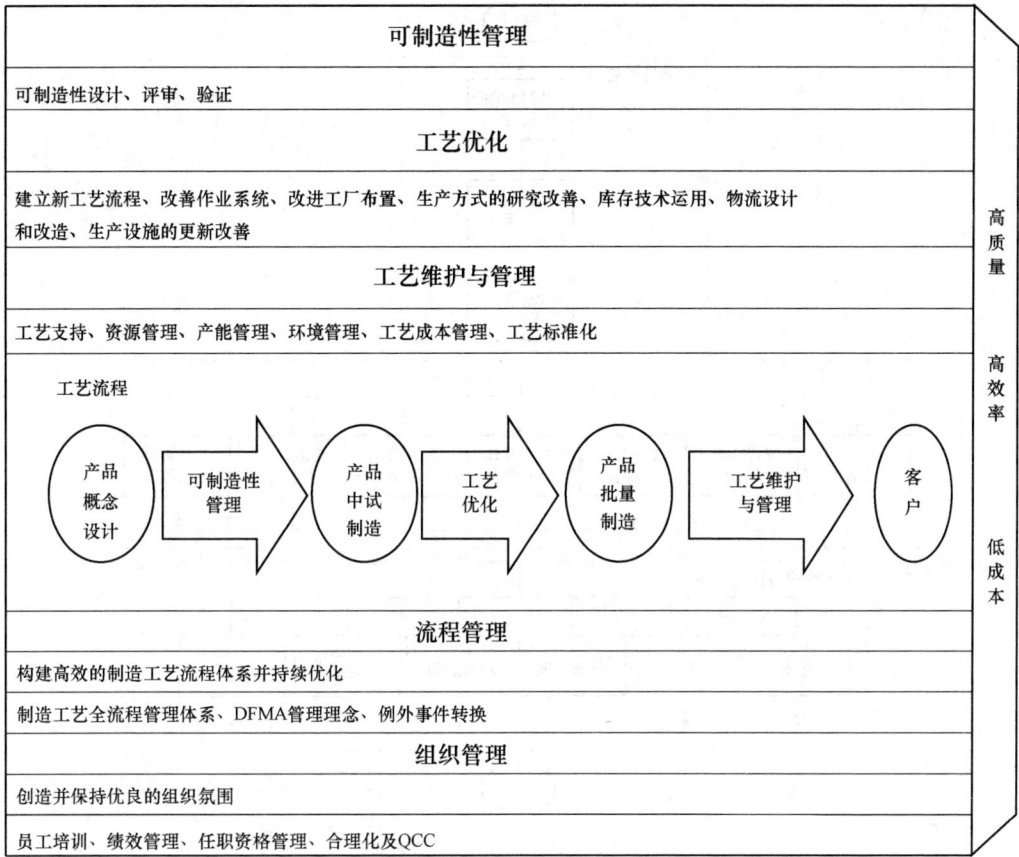

图7-2 工艺业务价值结构图

图7-3 工艺业务流程的层级图

7.2.3 工艺业务主干流程

工艺业务主干流程如图7-4所示。

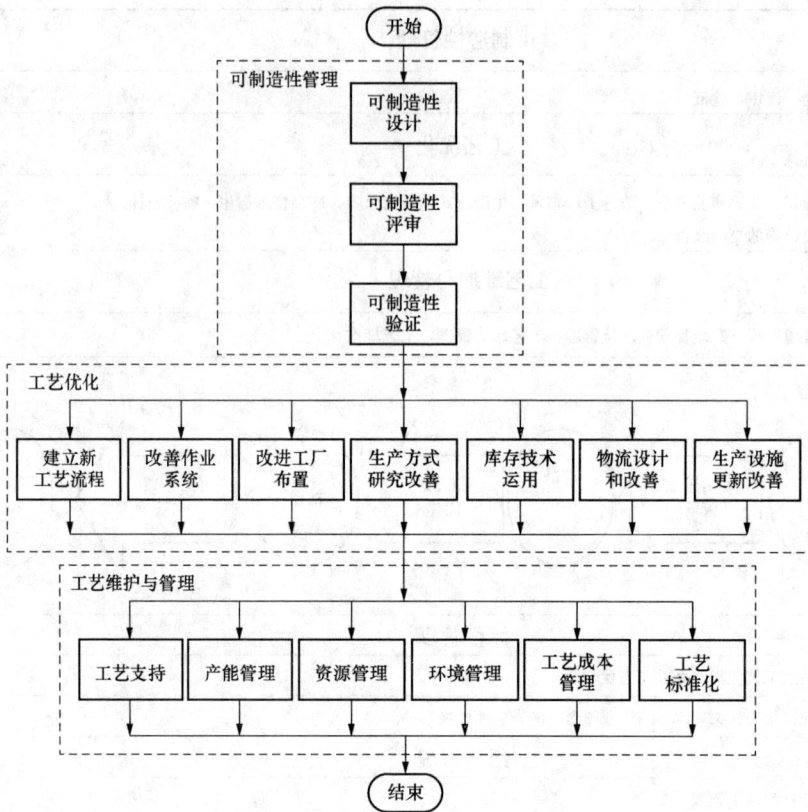

图 7-4 工艺业务主干流程图

7.3 关键业务运作模式

7.3.1 可制造性管理

可制造性管理的核心是在研发阶段运用可制造性设计指南（DFMA guidelines）参与可制造性设计（DFMA），运用可制造性评价工具对可制造性进行评审，并在中试阶段参与可制造性验证，以确保新产品的可制造性，实现工艺预防的作用，运作模式如图 7-5 所示。

1. DFMA

DFMA 指面向制造和装配的设计（DFM＋DFA），DFMA 除了可以减少产品的成本之外，还可以缩短开发时间，把产品尽早推向市场。

DFMA 的作用主要有：

（1）DFMA 从装配和制造的角度提供一个系统的方法或程序来分析现有的设计方案，得出更简单和更可靠的产品，同时降低装配和制造的成本。

（2）DFMA 的执行使得产品设计人员同工艺/工业工程师以及任何影响产品成本的人员进行早期沟通，使得 PDT 的工作得以工具支持。

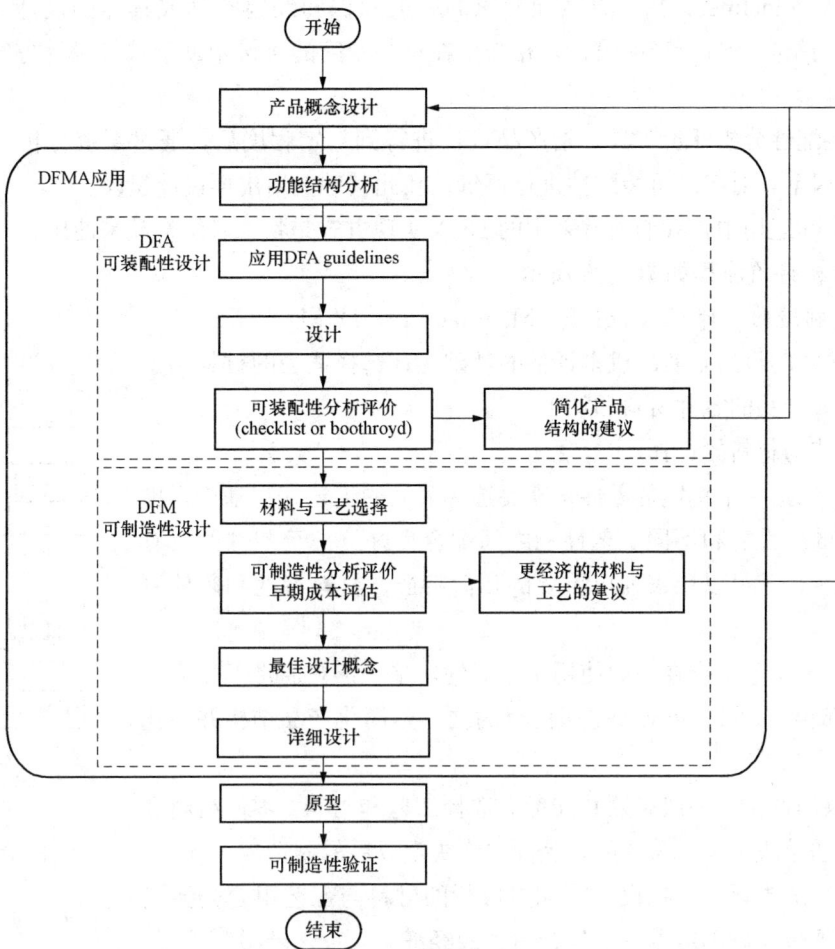

图 7-5　可制造性管理运作模式

（3）DFMA 的推行在业界以公认其在节约制造成本的效果，在装配成本不大时往往也可节约总成本。

2. 面向装配的设计（Design for Assembly，DFA）

（1）DFA 的目的是通过详尽分析如何方便装配，简化产品结构和减少零件数量。

（2）DFA 的基本思路。在产品设计阶段考虑并解决装配过程中可能存在的问题，通过分析现有的或者建议的产品结构来进行优化。

1）零件强化（Pconsol，Part Consolidation）把若干功能需要结合在单件性能上，消除对多个零件装配的需要。

2）对准特征（Alignmt，Alignment Features）方便零件对准定位的特征，帮助配合零件装配。

3）集成紧固（IntFast，Integral Fasteners）把紧固件的功能集成在功能零件上。例如一般采用咬合而不采用螺纹紧固。

（3）DFA 的技术手段。DFA guidelines、可装配性分析评价工具及二者的结合。

1）DFA guidelines：指先将装配专家的有关知识和经验整理成具体的设计 guidelines，然后在它们的指导下进行产品设计，相当于在这些专家的直接帮助下选择设计方案，确定产品结构。

2）可装配性分析评价工具：指产品设计进行到一定程度后，通过系统分析影响产品装配性的各种因素，对产品可装配性进行评价，在此基础上给出再设计建议。

3）在实际运用中，我们通常采用的 DFA 实现方式是将二者结合起来使用。

DFA 分析评价流程如图 7-6 所示。

3. 面向制造的设计（Design for Manufacture，DFM）

（1）DFM 的目的。实际成本评估的基础上，选择适当的材料和工艺，确定组成产品的零件材料和加工工艺。

（2）工艺与材料的选择。

1）为了制造一个特定的零件，需要选择适当的工艺，它基于零件的各种所需的属性需和不同工艺性能之间配合良好。一旦零件的所有功能决定之后，就可以用表列出重要的几何特征、材料特性和其他所需的属性。

2）把许多工艺结合在一起使用是必要的，单一工艺通常不能完成零件的所有最终属性。DFMA 分析的目的之一是简化产品结构并强化零件。

3）材料的选择：一般必须共同考虑选择工艺和材料。零件材料和工艺组合的初始决定是最重要的，因为这将决定以后的制造成本。

（3）早期成本评估。在设计初期对可行的材料与工艺组合需要进行制造成本评价，以确定哪一个最合适、最经济。

（4）工艺规划。制定工艺流程，确定各工序的操作内容和设备的详细情况，决定了零件制造的最终的详细成本评估。

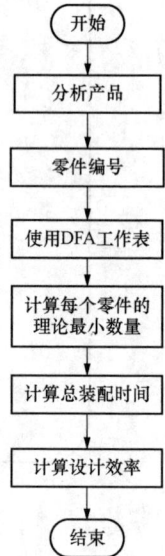

图 7-6　DFA 分析评价流程

7.3.2　工艺优化

工艺优化的关键点是通过价值分析、工作研究等工艺技术改进产品设计，改善作业系统和工艺系统等，不断提高生产效率和产品质量，运作示意图如图 7-7 所示。

1. 工艺优化涉及的知识领域

工艺优化涉及的知识领域包括：①生物力学；②成本管理；③数据处理与系统设计；④销售与市场；⑤工程经济；⑥设施规划；⑦材料加工；⑧应用数学；⑨组织规划与理论；⑩生产规划与控制；⑪实用心理学；⑫方法心理学。

2. 工艺优化的目标和原则

工艺改善的目标是使生产系统投入的要素得到有效利用，降低成本、保障质量和安全，提高生产效率，获得最佳效益。

工艺改善的 ECRS 原则：

（1）取消（Eliminate）：取消不必要的工序、操作、动作。

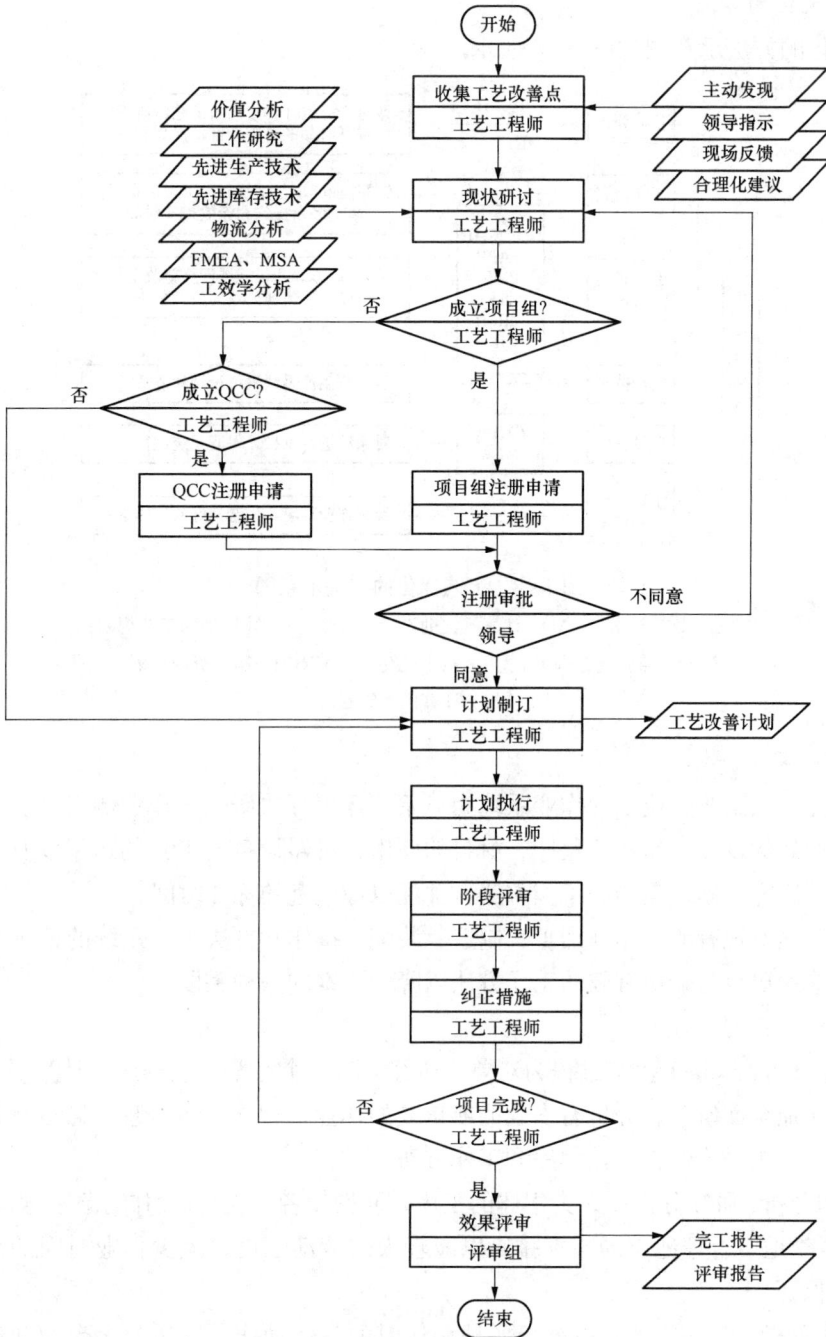

图 7-7　工艺优化的运作示意图

（2）合并（Combine）：对于无法取消而又必要者，可采用合并一些工序或动作，如将多人于不同地点的操作合并为 1 人操作。

（3）重排（Rearrange）：重排流程、工序或操作，除去重复的环节。

（4）简化（Simplify）：采用简单的方法及设备、工具。

3. 工艺优化的方法

工艺优化的方法示意图如图 7-8 所示。

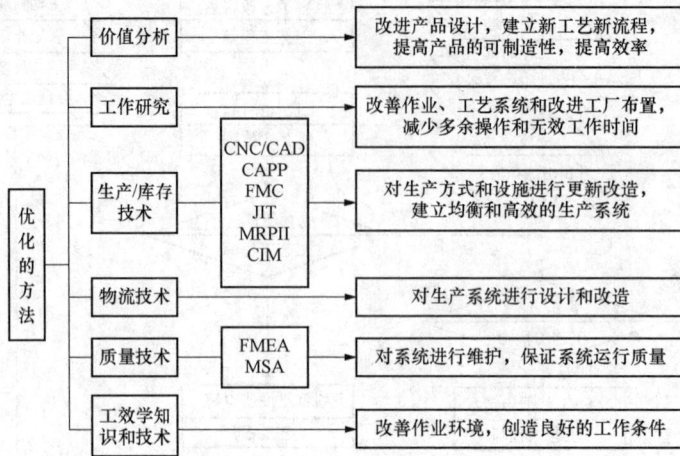

图 7-8　工艺优化的方法示意图
CNC—数控技术；CAD—计算机辅助设计；CAPP—计算机辅助工艺规划；
FMC—柔性制造单元；JIT—准时化生产；MRPII—制造资源计划；
CIM—计算机集成制造

4. 工作研究

工作研究是以工业企业中的作业系统为对象，运用方法研究与作业测定（工作衡量）两种技术，对产品的设计、作业的程序、材料的使用、机器设备与工具的运用以及人的操作和动作加以分析研究，制定最佳的工作方法，并配以最适宜的标准时间。

工作研究是对现有的工作（加工、制造、装配、操作）方法进行系统的记录和严格的考查，开发和应用更容易、更有效的工作方法以降低成本的一种手段。

（1）工作研究的内容。

1）程序分析：以整个生产过程为对象，研究分析一个完整工艺程序，从第一个工作地到最后一个工作地全面研究、分析有多余的或重复的作业，程序是否合理，搬运是否太多，等待是否太长等，进一步改善工作程序和工作方法。

2）操作分析：研究分析以人为主体的工序，使操作者（人）、操作对象（物）、操作工具（机）三者科学地、合理地布局与安排，以减轻人的劳动强度、减少作业时间的消耗，使工作质量得到保证。

3）动作分析：研究分析人在进行各种操作时的身体动作，以排除多余的动作，减轻疲劳，使操作简便有效，从而制定出最佳的动作程序。

（2）工作研究的范畴。工作研究的范畴如图 7-9 所示。

（3）工作研究的实施步骤。

1）选择所要研究的工作或工艺。

2）观察现行方法，记录事实。

3）严格分析所记录的事实。

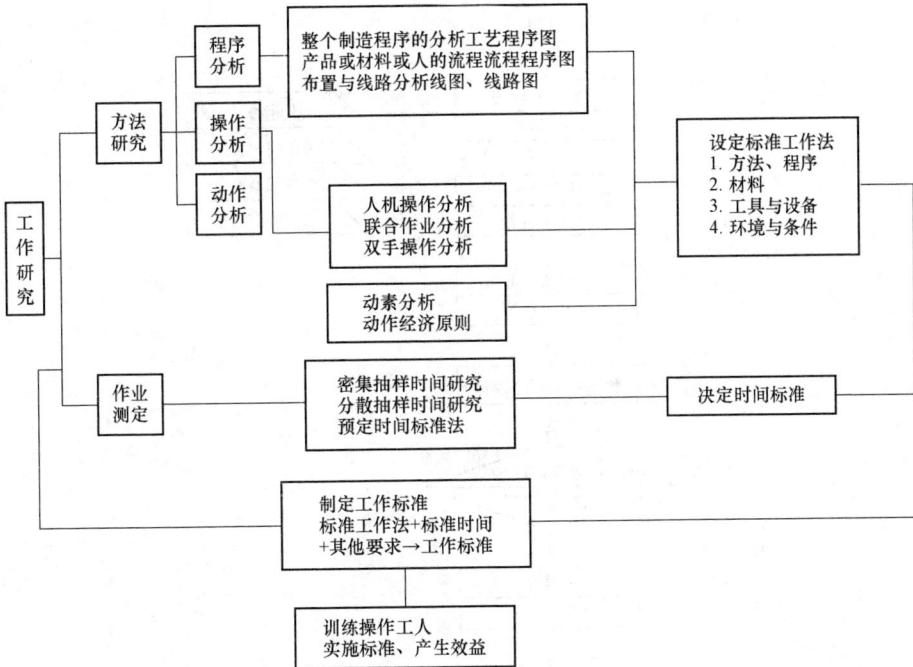

图 7 - 9 工作研究的范畴

4）制定最经济的方法。

5）评选新方案。

6）计算标准作业时间。

7）建立新方法。

8）实施与维护新方法。

7.3.3 工艺维护与管理

1. 工艺支持

工艺支持的核心是工艺人员通过各种途径主动收集问题，并运用各种工艺专业知识对问题进行快速、及时响应，分析问题提出解决对策，推动相关部门解决问题并对解决效果进行跟踪、对相关经验给予固化，持续开展工艺技术改善，保证生产正常进行，运作模式如图 7 - 10 所示。

2. 产能管理

产能管理的核心是以最低的费用保证足够的生产能力。根据主生产计划预测人力、设备、仪器、工装、电力需求，分析产品制造过程中可能会出现的资源瓶颈情况，利用科学的计算方法，得到准确度较高的未来计划期内的资源需求预测，并经过评审、沟通，根据实际情况调整，跟踪资源到位状况和利用水平，达到产能管理目的，产能管理的运作模式如图 7 - 11 所示。

3. 资源管理

资源管理的核心是通过对人力、设备、仪器、工装等方面的管理，保证生产正常进行。

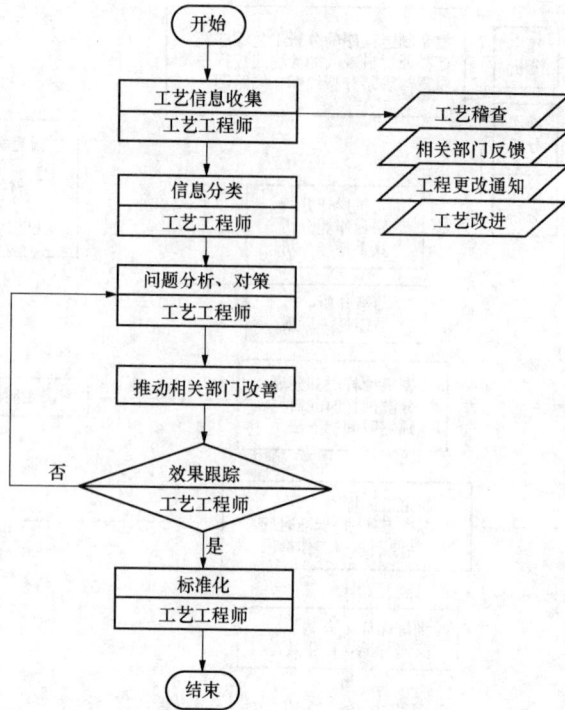

图 7 - 10　工艺支持的运作模式

通过人员技能培训、考核、关键工序管理，提高员工技能；通过设备、仪器、工装的备件管理、三级维护、定期校验，及工具辅料的管理，保证生产正常进行，资源管理的运作模式如图 7 - 12 所示。

4. 环境管理

环境管理的核心是深入开展 6S 活动，全面提升员工素质，优化生产软、硬件环境。通过各种途径收集环境方面的问题，根据相关的规范，借鉴好的公司的经验，考虑人机工程、参观效果等方面的因素，提出改进方案并推动实施，最后对成果进行标准化和推广，保证工厂布局合理及工作现场的整洁、有序，保证员工积极、主动、高效工作的精神面貌。环境管理的运作模式如图 7 - 13 所示。

环境管理的内容：①环境温度、湿度；②环境洁净度；③环境气流；④工厂布局；⑤6S 活动。

5. 成本管理

工艺成本管理的核心是通过工时定额管理、工艺路线管理、预算工作为生产投入、产出的核算和管理提供最基础的数据。制定、维护标准工时，考核和激励员工提高生产效率，制定、维护工艺路线，预算设备、材料、电力等生产费用，为生产部门、成本管理部门进行成本控制和管理提供基础数据。成本管理的运作模式如图 7 - 14 所示。

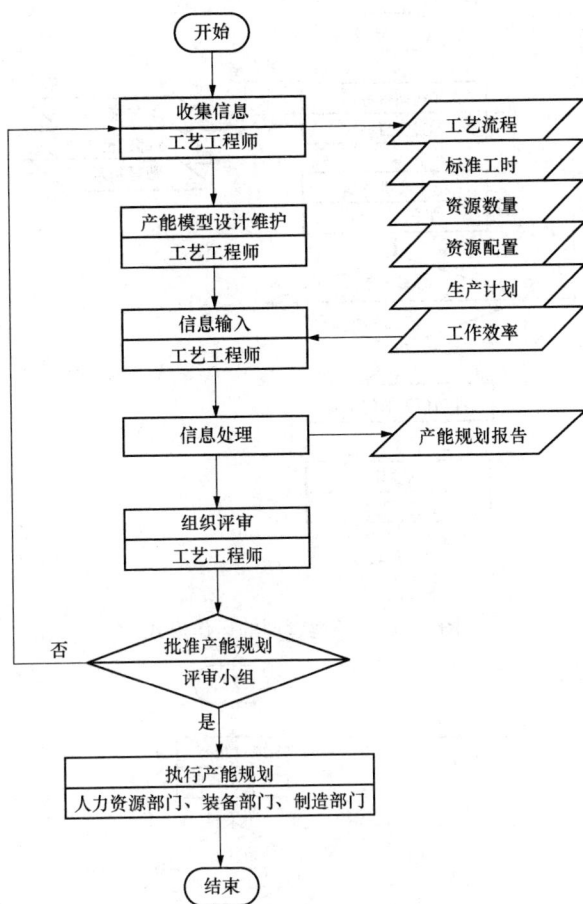

图 7-11　产能管理的运作模式

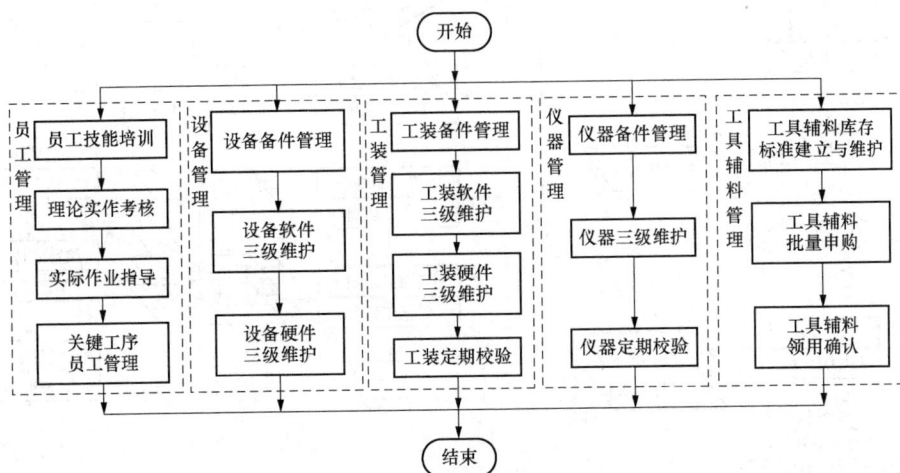

图 7-12　资源管理的运作模式

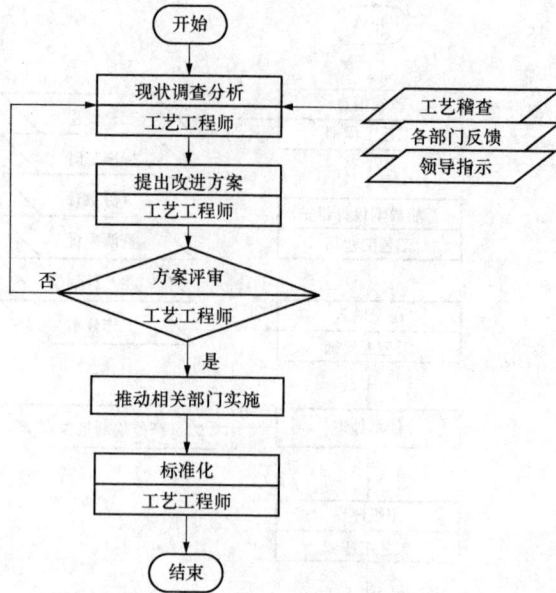

图 7-13 环境管理的运作模式

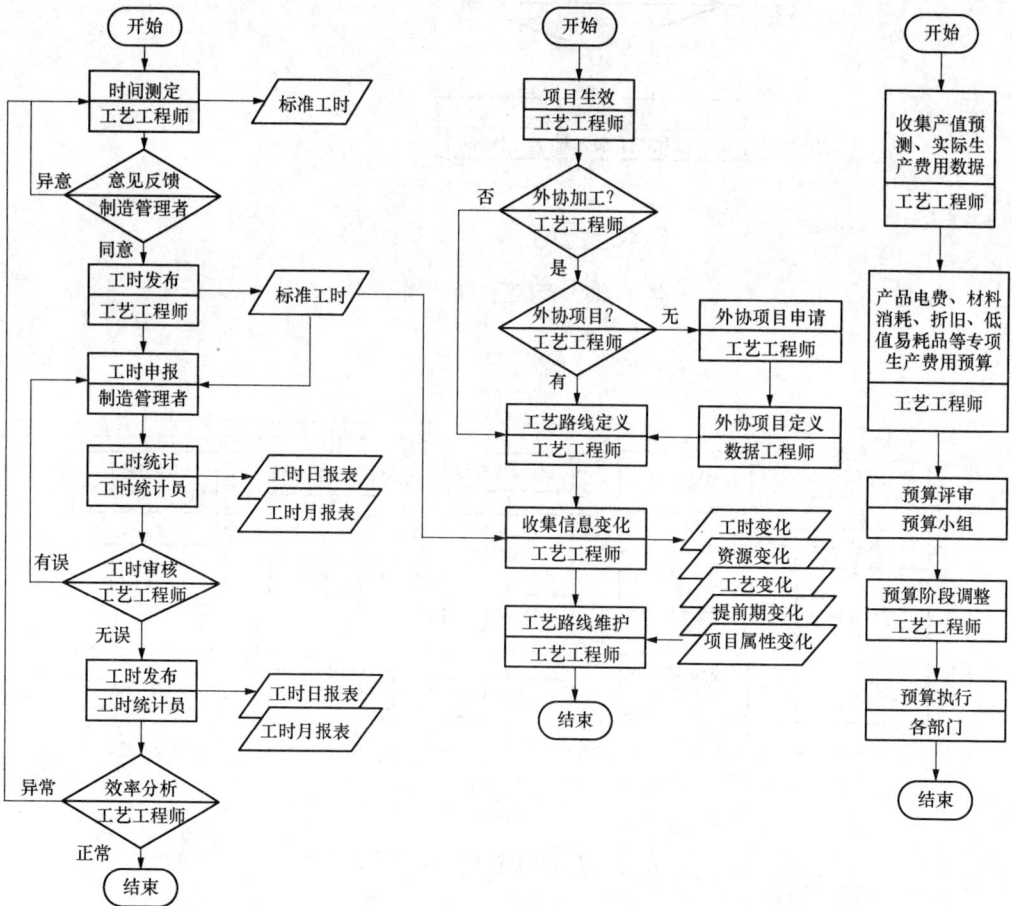

图 7-14 成本管理的运作模式

7.4　组 织 与 职 责

7.4.1　工艺管理组织架构

1. 组织架构

工艺管理的组织架构如图 7-15 所示。

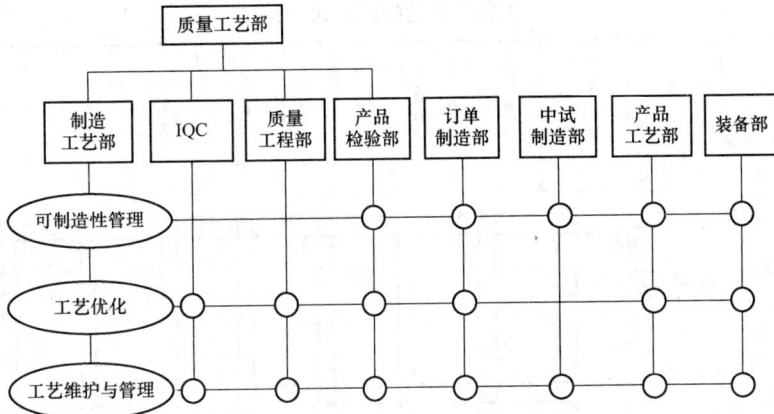

图 7-15　工艺管理的组织架构

2. 工艺管理体系

生产工艺业务主要集中于量产阶段的工艺维护与管理、工艺优化及研发阶段的可制造性管理。生产工艺与产品工艺组成完整的工艺管理体系，见表 7-2。

表 7-2　　　　　　　　　　　　　　　　工艺管理体系

可制造性设计	可制造性评审	可制造性验证	工艺优化	工艺维护与管理
·进行工艺研究与试验 ·设计产品制造工艺 ·建立可制造性模型 ·可制造性分析与优化	·评审制造工艺 ·评估可制造性设计效果	·验证制造工艺 ·验证可制造性设计效果 ·培训作业人员、制造工艺人员、质量人员	·提高可制造性 ·改善作业和工艺系统 ·改进工厂布置 ·改进生产方式和设施 ·建立均衡和高效的生产系统 ·设计和改造生产系统 ·提高系统运行质量 ·改善作业环境	·工艺支持 ·产能管理 ·资源管理 ·环境管理 ·工艺成本管理 ·工艺标准化

（产品工艺 → 制造工艺）

3. 管理方法和人员配置

工艺业务采用分层管理方法，例行化工艺业务由工艺技术员或助理工艺工程师承担，开拓性或技术性较强的工艺业务由工艺工程师承担。1 名工艺工程师与 1～2 名工艺技术员或助理工程师组成 1 个工艺小组，由工艺工程师担任组长。

工艺人员根据岗位、产品线及工艺业务的任务量来进行配置。为便于工艺业务的开展，岗位分为 PIE、ME、TE。工艺人员既按产品线分工，又按工艺业务分工。电力电子产品的工艺人员的配置方式示例，见表 7-3。

表 7-3　　　　　　　　　　　工艺人员的配置方式示例

岗位 \ 工艺业务 \ 产品线	一次电源	电源系统	监控	工业电源	二次电源	变频器	UPS	货务	仓储/IQC
PIE 可制造性管理									
PIE 工艺支持									
PIE 资源管理									
PIE 工艺标准化									
PIE 产能管理									
PIE 环境管理									
PIE 工艺成本管理									
PIE 工艺优化									
ME 设备维护									
TE 测试系统设计和维护									

4. 外协工艺管理方法

把外协厂作为制造车间的延伸，要求外协厂采用相同的管理方法和质量要求生产产品。外协生产（印制电路板制造与装配，电缆、机柜加工）的制造工艺主要由外协 PE 进行统筹管理，工艺设计部门作为资源部门配合外协 PE 对外协生产的制造工艺进行管理。外协生产的制造工艺管理主要通过外协厂自身的工艺力量来完成。

工艺设计部门参与的外协工艺管理：外协工艺要求制定、外协产能管理、外协工艺培训、外协工艺稽查、外协厂例行考察与沟通。

7.4.2　工艺人员素质要求

1. PIE 工程师

（1）应知：

1）熟悉产品制造流程及相关业务流程并能熟练运用相关 IT 技术。

2）掌握物料专业基本知识，掌握相关仪器、设备、工装的使用方法。

3）熟悉质量管理和质量控制方法。

4）具备丰富的工艺专业知识与经验，熟练掌握所处领域大部分产品的结构、装配和调测方法。

5）掌握项目管理方法、掌握 IE 原理和方法。

6）掌握工艺实验、统计技术、计算机基础、制造成本等基本知识。

7）具备较强的文档意识和文档建设能力，能够将有效的工艺方法或经验及时固化或推广，确保先进的工艺方法得到持续运用。

（2）应会：

1）具有三年以上在电力电子制造业现场生产进行制造工艺管理的能力和资历。

2）能结合部门产品和员工实际情况，制订培训计划，并且有良好的培训效果。

3）能组织对产品转产进行正确评审、接受。

4）能协助相关部门制订生产工艺方案。

5）能对资源进行合理规划和配置。

6）使用工业工程方法及项目管理方法，组织作业现场的改善工作，提高作业效率、作业品质，改善作业环境、优化物流。

2. 助理 PIE 工程师

（1）应知：

1）熟悉产品制造流程及相关业务流程并能熟练运用相关 IT 技术。

2）掌握物料专业基本知识，掌握相关仪器、设备、工装的使用方法。

3）熟悉 ISO 9000 基本规定。

4）掌握所处领域大部分产品的结构、装配和调测方法。

5）掌握生产工艺品质改进的方法。

6）掌握 IE 基础。

（2）应会：

1）具有一年以上在电力电子制造业现场生产进行制造工艺管理的能力和资历。

2）及时准确地维护操作指导书/程序。

3）能够发现清单存在问题并反馈解决。

4）能够对生产中反映出的问题进行分析和最终解决。

5）能在指导下对资源进行合理规划和配置。

6）能够根据产品特点，合理运用工时测定方法制订标准工时。

3. PIE 技术员

（1）应知：

1）熟悉产品制造流程及相关业务流程并能熟练运用相关 IT 技术。

2）掌握物料专业基本知识，掌握相关仪器、设备、工装的使用方法。

3）熟悉 ISO 9000 基本规定。

4）掌握所处领域部分产品的结构、装配和调测方法。

5）掌握生产工艺品质改进的方法。

6）掌握工时维护方法。

（2）应会：

1）具有一年以上在电子制造业现场生产进行制造工艺管理的能力和资历。

2）及时准确地维护操作指导书。

3）能够及时合理处理生产现场问题。

4）对 ECO、联络单能正确理解，及时传达，监督执行。

5）能够利用 MRPII 查询清单，能在指导下定义工艺路线。

6）准确测定产品标准工时，维护工时。

4. ME 工程师

（1）应知：

1）熟悉产品制造流程及相关业务流程并能熟练运用相关 IT 技术。

2）掌握主要产品及物料专业知识，了解制造、工艺、方法及设备等。

3）掌握质量管理的主要概念和内容，能运用品质控制方法分析生产过程并解决问题。

4）掌握丰富的设备管理知识。

5）掌握丰富的机械知识或电气控制知识。

6）掌握丰富的设备使用和维护知识。

7）具有较丰富的电子装联、机械装联等制造工艺知识。

8）具有较丰富的工程管理知识。

（2）应会：

1）具有三年以上在电力电子制造业现场生产进行设备服务的能力和资历。

2）掌握并可实施设备复杂设备故障维修与预防维护，可独当一面的处理某类设备的故障。

3）具有领导、协调开展设备管理专项工作的能力。

4）可有效推动设备预防维护工作，并能建立维护指引。

5. 助理 ME 工程师

（1）应知：

1）熟悉产品制造流程及相关业务流程并能熟练运用相关 IT 技术。

2）掌握主要产品及物料专业知识，了解制造、工艺、方法及设备等。

3）掌握质量管理的主要概念和内容，能运用品质控制方法分析生产过程并解决问题。

4）掌握较丰富的设备管理知识。

5）掌握较丰富的机械知识或电气控制知识。

6）掌握较丰富的某类设备使用和维护知识。

7）掌握较丰富的电子装联、机械装联等制造工艺基础知识。

（2）应会：

1）具有一年以上在电子制造业现场生产进行设备服务的能力和资历。

2）掌握并可实施设备复杂设备故障维修与预防维护。

3）具备一定组织和协调能力，能组织现场管理。

4）具备一定文档写作能力，总结的维修经验能有很好的指导作用。

6.ME 技术员

（1）应知：

1）熟悉产品制造流程及相关业务流程并能熟练运用相关 IT 技术。

2）熟悉主要产品及物料专业知识，了解制造、工艺、方法及设备等。

3）熟悉质量管理的主要概念和内容。

4）掌握设备管理基本知识。

5）掌握基本的机械知识及电气控制知识。

6）掌握某类设备操作知识。

7）掌握电子装联、机械装联等制造工艺基本知识。

（2）应会：

1）能制作实用的操作、保养指导书。

2）对所负责设备能独立操作和维护。

3）能快速处理生产现场常见设备问题。

4）能看懂一般机械图以及电气原理图。

5）能在引导下完成负责设备的现场管理工作。

7.4.3 关键工作

从生产工艺业务运作的关键主干流程来看，生产工艺业务主要有下列三项关键工作职责：

（1）可制造性管理：按可制造性要素进行设计、评审、验证。

（2）工艺管理与维护：工艺支持、产能管理、资源管理、环境管理、工艺成本管理、工艺标准化。

（3）工艺优化：建立新工艺流程、改善作业系统、改进工厂布置、生产方式的研究改善、库存技术运用、物流设计和改造、生产设施的更新改善。

7.5 业务指导文件

支持工艺业务管理和运作所需的指导文件见表 7-4。

表 7-4   指导文件列表

层级	层级说明	文件名称
1	程序	可制造性管理程序； 工艺优化程序； 工艺维护与管理程序

2	流程	（1）可制造性管理：
		    可制造性设计流程；
		    可制造性评审流程；
		    可制造性验证流程；

层级	层级说明	文件名称
2	流程	工艺设计验证评审流程； 新产品转产流程。 (2) 工艺优化： 工艺优化流程。 (3) 工艺维护与管理： 工艺维护与管理流程； 设备维护流程
3	作业指导书	(1) 可制造性管理： 可制造性设计操作指导书； 可制造性验证操作指导书； 可制造性评审操作指导书； 可制造性要素及标准。 (2) 工艺优化： 工艺优化作业指导书。 (3) 工艺维护与管理： 　1）工艺支持： 　　工艺支持操作指导书； 　　各产品操作指导书； 　　各产品企业标准； 　　各产品调测说明； 　　各产品线路原理图； 　　各产品老化操作指导书； 　　各单板工艺规范； 　　各产品包装工艺规范； 　　各产品耐压工装测试说明； 　　各类设备操作指导书； 　　各产品维修操作指导书； 　　各类工装操作指导书； 　　各工具操作指导书； 　　各仪器操作指导书； 　　各通用操作指导书。 　2）产能管理： 　　产能管理操作指导书。 　3）资源管理： 　　资源管理操作指导书； 　　搬迁物品操作指导书； 　　设备维护规范； 　　设备备件安全库存量制定维护规范； 　　设备备件需求计划制定的规范。

层级	层级说明	文件名称
3	作业指导书	4）环境管理： 　环境管理操作指导书； 　作业区 6S 规范； 　办公区 6S 规范。 5）工艺成本管理： 　预算操作指导书； 　工艺路线维护指导书。 6）工艺标准化： 　工艺标准化操作指导书（待制定）
4	制度、规定	关键工序管理办法； 工时定额管理规定； 工艺改进奖励办法

参 考 标 准

标准	名称
ISO 12944—2：2017	色漆和清漆　防护漆体系对钢结构的腐蚀防护　第2部分：环境分类
ISO 12944—6：2017	色漆和清漆　防护漆体系对钢结构的腐蚀防护　第6部分：实验室性能测试方法
EN 50178—2018	用于电子装置安装电力设备
GB 50681—2011	机械工业厂房建筑设计规范
GB/T 21072—2021	通用仓库等级
GB/T 4798.1—2019	环境条件分类　环境参数组分类及其严酷程度分级　第1部分：贮存
GB/T 4796—2017	环境条件分类　第1部分：环境参数及其严酷程度
GB/T 4798.2—2021	环境条件分类　环境参数组分类及其严酷程序分级　第2部分：运输和装卸
GB/T 4798.5—2007	电工电子产品应用环境条件　第5部分：地面车辆使用
GB/T 3783—2019	船用低压电器基本要求
NB/T 31042—2019	海上永磁风力发电机变流器技术规范
NB/T 31041—2019	海上双馈风力发电机变流器技术规范
NB/T 31094—2016	风力发电设备海上特殊环境条件与技术要求
GB/T 13237—2013	优质碳素结构钢冷轧钢板和钢带
GB/T 11253—2019	碳素结构钢冷轧钢板及钢带
GB/T 15675—2020	连续电镀锌、锌镍合金镀层钢板及钢带
GB/T 2518—2019	连续热镀锌和锌合金镀层钢板及钢带
GBT 13912—2020	金属覆盖层　钢铁制件热浸镀锌层　技术要求及试验方法
GB/T 3280—2015	不锈钢冷轧钢板和钢带
GB/T 16474—2011	变形铝及铝合金牌号表示方法
GB/T 16475—2023	变形铝及铝合金产品状态代号
GB/T 5231—2022	加工铜及铜合金牌号和化学成分
GB/T 30586—2022	铜包铝扁棒
DL/T 247—2012	输配电设备用铜包铝母线
GB/T 1196—2023	重熔用铝锭
GB/T 13680—1992	焊接　方螺母
GB/T 13681—1992	焊接　六角螺母
GB/T 13744—1992	磁性和非磁性基体上镍电镀层厚度的测量
GB/T 6892—2023	一般工业用铝及铝合金挤压型材
GB/T 14846—2014	铝及铝合金挤压型材尺寸偏差

标准	名称
GB/T 19867.1—2005	电弧焊焊接工艺规程
GB/T 19804—2005	焊接结构的一般尺寸公差和形位公差
GB/T 8110—2020	熔化极气体保护电弧焊用非合金钢及细晶钢实心焊丝
GB/T 985.1—2008	气焊、焊条电弧焊、气体保护焊和高能束焊的推荐坡口
GB/T 19867.5—2008	电阻焊焊接工艺规程
GB/T 902.3—2008	储能焊用焊接螺柱
GB/T 1303.7—2009	电气用热固性树脂工业硬质层压板 第7部分：聚酯树脂硬质层压板
GB/T 4208—2017	外壳防护等级（IP代码）
GB/T 2423.37—2006	电工电子产品环境试验 第2部分：试验方法 试验L：沙尘试验
GB/T 2423.38—2021	环境试验 第2部分：试验方法 试验R：水试验方法和导则
GB/T 4249—2018	产品几何技术规范（GPS）基础 概念、原则和规则
GB/T 1804—2000	一般公差 未注公差的线性和角度尺寸的公差
GB/T 1184—1996	形状和位置公差 未注公差值
JB/T 5777.2—2002	电力系统二次电路用控制及继电保护屏（柜、台）通用技术条件
GB/T 19520.16—2015	电子设备机械结构 482.6mm（19in）系列机械结构尺寸 第3～100部分：面板、插箱、机箱、机架和机柜的基本尺寸
GB/T 7251.1—2023	低压成套开关设备和控制设备 第1部分：总则
GB/T 20641—2014	低压成套开关设备和控制设备 空壳体的一般要求
GB/T 4956—2003	覆盖层厚度测量
GB/T 4957—2003	非磁性基体金属上非导电覆盖层 覆盖层厚度测量 涡流法
GB/T 1732—2020	漆膜耐冲击测定法
GB/T 1730—2007	色漆和清漆 摆杆阻尼试验
GB/T 9286—2021	色漆和清漆 划格试验
GB/T 2423.18—2021	环境试验 第2部分：试验方法 试验Kb：盐雾，交变（氯化钠溶液）
GB/T 10125—2021	人造气氛腐蚀试验 盐雾试验
GB/T 2423.17—2008	电工电子产品环境试验 第2部分：试验方法 试验Ka：盐雾
GB/T 6461—2002	金属基体上金属和其他无机覆盖层 经腐蚀试验后的试样和试件的评级
GB/T 19352.1—2003	热喷涂 热喷涂结构的质量要求 第1部分：选择和使用指南
NB/T 31015—2018	永磁风力发电机变流器技术规范
NB/T 31014—2018	双馈风力发电机变流器技术规范
GB/T 18684—2002	锌铬涂层 技术条件
GB/T 15329—2019	橡胶软管及软管组合件 油基或水基流体适用的织物增强液压型规范
GB/T 12459—2017	钢制对焊管件 类型与参数

标准	名称
GB/T 3766—2015	液压传动　系统及其元件的通用规则和安全要求
DL/T 1010.5—2006	高压静止无功补偿装置　第 5 部分：密闭式水冷却装置
GB 29743.1—2022	机动车冷却液　第 1 部分：燃油汽车发动机冷却液
HB 4—1—2020	扩口管路连接件通用规范
GB/T 13384—2008	机电产品包装通用技术条件
GB/T 7284—2016	框架木箱
GB/T 7350—1999	防水包装
GB/T 5048—2017	防潮包装
GB/T 8166—2011	缓冲包装设计
GB/T 191—2008	包装储运图示标志
GB 50149—2010	电气装置安装工程　母线装置施工及验收规范
GB 50171—2012	电气装置安装工程　盘、柜及二次回路接线施工及验收规范
GB/T 2423.5—2019	环境试验　第 2 部分：试验方法　试验 Ea 和导则：冲击
GB/T 2423.56—2023	环境试验　第 2 部分：试验方法　试验 Fh：宽带随机振动和导则
GB/T 2423.7—2018	环境试验　第 2 部分：试验方法　试验 Ec：粗率操作造成的冲击（主要用于设备型样品）
GB/T 2423.10—2019	环境试验　第 2 部分：试验方法　试验 Fc：振动（正弦）
IEC 60479-1：2018 Standard	Standard ｜ Effects of current on human beings and livestock-Part 1：General aspects
IEC 62477-1：2022	Safety requirements for power electronic converter systems and equipment-Part 1：General
GB/T 5465.2—2023	电气设备用图形符号　第 2 部分：图形符号
GB/T 12668.501—2013	调速电气传动系统　第 5-1 部分：安全要求　电气、热和能量
EN 61800-5-1：2007	Part 5-1：Safety requirements – Electrical，thermal and energy
GB/T 5226.1—2019	机械电气安全　机械电气设备　第 1 部分：通用技术条件
EN 60204-1	Safety of machinery-Electrical equipment of machines-Part 1：General requirements

参 考 文 献

[1] 任清晨．电气控制柜设计制作－结构与工艺篇［M］．北京：电子工业出版社，2014.

[2] 魏龙．热工与流体力学基础［M］．2版．北京：化学工业出版社，2021.

[3] 张军．电工材料实用手册［M］．合肥：安徽科学技术出版社，2018.

[4] 王爱珍．钣金加工技术［M］．北京：机械工业出版社，2008.

[5] 邱立功．实用电工材料手册［M］．上海：上海科技技术出版社，2010.

[6] 闻邦椿．机械设计手册［M］．北京：机械工业出版社，2018.

[7] 叶杭冶，等．风力发电系统的设计、运行和维护［M］．北京：电子工业出版社，2010.

[8] 牛山泉（日）．风能技术［M］．北京：科学出版社，2009.

[9] 成大先．机械设计手册 常用工程材料［M］．6版．北京：化学工业出版社，2017.